Sitzungsberichte des Plenums
und der problemgebundenen Klassen
der Deutschen Akademie
der Wissenschaften zu Berlin

3
1970

Zu einigen Fragen der Wechselbeziehungen zwischen Physik und Chemie I

AKADEMIE-VERLAG · BERLIN

FSC
www.fsc.org
MIX
Papier | Fördert gute Waldnutzung
FSC® C083411

Zeitfracht Medien GmbH
Ferdinand-Jühlke-Straße 7
99095 Erfurt, Deutschland
produktsicherheit@kolibri360.de

Sitzungsberichte des Plenums
und der problemgebundenen Klassen
der Deutschen Akademie der
Wissenschaften zu Berlin Jahrgang 1970 · Nr. 3

W. Schirmer/G. Vojta
H. Kriegsmann/R. Paetzold

ZU EINIGEN FRAGEN DER WECHSELBEZIEHUNGEN ZWISCHEN PHYSIK UND CHEMIE I

AKADEMIE-VERLAG · BERLIN
1971

Vorträge gehalten von Wolfgang Schirmer, Ordentliches Mitglied der DAW, Prof. Dr. Günter Vojta, Prof. Dr. Heinrich Kriegsmann und Prof. Dr. Roland Paetzold in den Sitzungen der problemgebundenen Klasse „Physik in Naturwissenschaft und Technik“ (Leiter: Robert Rompe, Ordentliches Mitglied der DAW) vom 24. April 1969, 29. Mai 1969, 18. September 1969 und 23. Oktober 1969

Herausgegeben im Auftrage des Präsidenten der Deutschen Akademie der Wissenschaften zu Berlin von Vizepräsident Werner Hartke

Erschienen im Akademie-Verlag GmbH, 108 Berlin, Leipziger Str. 3–4

Lizenznummer: 202 · 100/581/71
Herstellung: IV/2/14 VEB Werkdruck, 445 Gräfenhainichen/DDR · 3571
Bestellnummer: 2010/70/3 · ES 18 B1/18 C2
EDV 761 539 5
6,50

Wolfgang Schirmer

Welchen Einfluß übt die physikalische Grundlagenforschung auf die chemische Verfahrenstechnik aus und welche Anforderungen stellt die chemische Verfahrenstechnik an die Physik?

Die chemische Industrie ist in den letzten Jahrzehnten zu einem der führenden Zweige einer modernen Volkswirtschaft geworden. Der größte Teil der von uns benötigten Rohstoffe und Werkstoffe, ein wesentlicher Teil der Fasern und der Baustoffe entstammen heute der Retorte. Die Verfahren, nach denen diese Produkte gebildet werden, haben also volkswirtschaftliche und damit auch wissenschaftliche Bedeutung. Im Zeitalter der wissenschaftlich-technischen Revolution sind Wissenschaft und Produktion, Theorie und Praxis nicht mehr voneinander zu trennen; prüfen wir deshalb, welchen Einfluß die Grundlagenforschung auf die chemische Produktion nimmt!

Ein chemisches Verfahren stellt ein in sich abgestimmtes System von Verfahrensstufen dar, in denen physikalische Zustandsänderungen und chemische Stoffumwandlungen vor sich gehen. Das Schema (Abb. 1) einer modernen Variante der Ammoniakgewinnung aus Erdgas verdeutlicht die Verflechtung dieser einzelnen Stufen zu einem Verfahren, das der Erzeugung eines bestimmten Endproduktes in großtechnischem Maße dient. Die chemische Verfahrenstechnik von heute ist nicht mehr mit dem Begriff der chemischen Technologie vergangener Zeiten gleichzusetzen. Damals, vor einigen Jahrzehnten, waren unsere Kenntnisse der physikalischen, physikalisch-chemischen und chemischen Elementarvorgänge so gering, daß sie bei der Entwicklung neuer Produktionsverfahren keine große Rolle spielten. Ein neuer Produktionsprozeß entstand im wesentlichen durch empirisch angestellte Versuche im Labor und in der halbtechnischen Versuchsanlage. Daß dabei zum Teil hervorragende Verfahren entwickelt wurden, stellt der Experimentierkunst und dem technischen Können der Wissenschaftler der damaligen Zeit ein gutes Zeugnis aus. Keinesfalls eignet sich das Vorgehen von damals jedoch für die heutige Epoche, in der die Wissenschaft bereits zu einem wesentlichen Teil das Niveau unserer Produktivkräfte bestimmt. Die chemische Verfahrenstechnik selbst wurde zu einer Wissenschaft, indem sie von der früher geübten stoffspezifischen Einteilung nach Fabrikationsvorgängen zu einer methodenorientierten Systematisierung nach Grundprozessen oder „Operationen" überging. Die verstärkte Orientierung auf Probleme von Querschnittscharakter und auf viel-

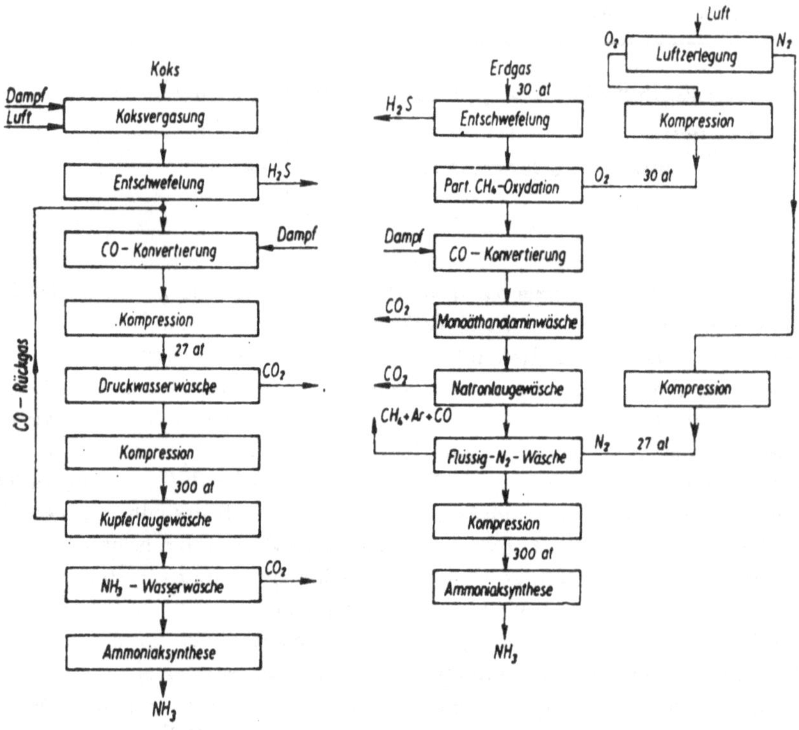

Abb. 1. Eine moderne Variante der Ammoniakgewinnung aus Erdgas

seitig anwendbare Methoden vertiefte den Einfluß der physikalischen und der physikalisch-chemischen Grundlagenforschung auf die chemische Verfahrenstechnik. Hier sei im folgenden vor allem über den Einfluß der Physik auf die chemische Verfahrenstechnik gesprochen.

Um reagieren zu können, müssen die in der Natur vorgefundenen oder durch chemische Reaktionen gebildeten Rohstoffe einer Bearbeitung unterworfen werden: Festkörper müssen zerkleinert, Flüssigkeiten emulgiert oder zerstäubt werden, miteinander reagierende flüssige Phasen und teilweise auch Gase müssen gut vermischt werden, damit der Weg der einzelnen Reaktionspartner so klein wie möglich wird. Die Übersicht (Abb. 2) stellt die technisch bedeutungsvollsten Vorgänge den Gebieten der physikalischen Grundlagenforschung gegenüber, die für ihr Verständnis von größter Bedeutung sind.

In der zweiten Phase der technischen Reaktion handelt es sich darum, die Reaktanten so zu aktivieren, daß sie miteinander reagieren können, und den eigentlichen chemischen Ablauf einzuleiten. Abb. 3 gibt einen Überblick über

1. Zerkleinerung	Aufbau des realen Festkörpers
2. Lösen, Schmelzen, Verdampfen, Vergasen	Keimbildung, Phasenumwandlung, Aufbau von Flüssigkeiten
3. Transportvorgänge	Hydrodynamik
4. Mischen, Emulgieren, Zerstäuben	Kolloidchemie, Grenzflächenmechanik

Abb. 2. Erste Phase der technischen Reaktion: Vorbereitung der Reaktanten

1. Aktivierung der Reaktanten durch Wärme, Strahlung, mechanische Energie, elektr. Energie	Thermodynamik, Elementarprozesse Protonen-Moleküle, Teilchen-Moleküle usw.
2. Aktivierung durch Katalyse	Festkörperphysik, Grenzflächenphysik und -chemie
3. Eigentliche chemische Reaktion	Kinetik, Wechselwirkung zwischen Teilchen, Stoßprozesse, Quantenchemie
4. Energieaustausch	Wärmeleitung, Wärmeübergang

Abb. 3. Zweite Phase der technischen Reaktion: Auslösung der Reaktion

die wichtigsten technischen Vorgänge und die Grundlagen, die für ihre sichere Beherrschung erforderlich sind.

Schließlich besteht die dritte Phase einer technischen Reaktion darin, die gebildeten Reaktionsprodukte aus den bei der technischen Reaktion entstehenden Stoffgemischen zu entfernen und sie in eine für den weiteren Einsatz geeignete Form zu bringen. Abb. 4 gibt die einzelnen Verfahrensstufen dieser Aufbereitung der Endprodukte wieder und verbindet sie mit den entsprechenden Gebieten der physikalischen und physikalisch-chemischen Grundlagenforschung.

1. Entmischung unter dem Einfluß von Kraftfeldern	Sedimentation, Filtration Zentrifugieren, Sieben
2. Einfluß molekularer Kraftfelder	Rektifizieren, Extrahieren, Ab- und Adsorbieren
3. Schaffung eines kompakten Aggregatzustandes	Kondensieren, Kristallisieren
4. Formgebung	Granulieren, Brikettieren

Abb. 4. Dritte Phase der technischen Reaktion: Gewinnung des reinen Endproduktes

Ein chemisches Verfahren nutzt also heute Kenntnisse zahlreicher Teilgebiete der Physik und der physikalischen Chemie aus. Besonders bedeutungsvolle Disziplinen sind die Hydrodynamik, die Thermodynamik, die Reaktionskinetik, Vorgänge in makroskopischen Feldern, Austausch durch molekulare Triebkraftprozesse, Grenzflächenvorgänge und Festkörperphysik.

Bei der Reaktion

$$CO + H_2O \underset{300-500^0\,C}{\overset{\text{Fe-Kontakt}}{\rightleftharpoons}} CO_2 + H_2;\ \Delta H = -8{,}5\ \text{kcal/Mol}$$

laufen folgende Prozesse gleichzeitig ab:

1. Diffusion,
2. Chemisorption,
3. Oberflächenreaktion,
4. Desorption,
5. Vorgänge im Katalysator,
6. Verdampfungskühlung,
7. Hydrodynamische Vorgänge.

Stets wirken in fast unentwirrbarer Fülle Physik und Chemie gleichzeitig, so daß der Einfluß *eines* Elementarvorganges oft nicht deutlich zu erkennen ist. Dieser komplexe Charakter technischer Prozesse hat natürlich den Einfluß der Grundlagenforschung auf die Verfahrenstechnik erschwert, und es gibt nicht wenige praktisch orientierte Wissenschaftler, die auch heute noch daran zweifeln, daß es in absehbarer Zeit möglich sein wird, technische Stoffumwandlungsprozesse durch Kenntnis der Elementarvorgänge weitgehend theoretisch zu beherrschen. Selbstverständlich wird ein solches Ziel nicht in kurzer Zeit zu erreichen sein. Obwohl unsere Kenntnisse über physikalische Elementarvorgänge verschiedenster Art im letzten Jahrzehnt gewaltig gewachsen sind, reichen sie nicht aus, um aus ihnen ein technisches Verfahren ableiten zu können, vor allem deshalb nicht, weil uns noch viele Kenntnisse über das komplexe Zusammenwirken dieser Vorgänge fehlen. Dennoch aber ist die Tendenz zu beobachten, daß die Grundlagenforschung einen immer größer werdenden Einfluß auf die chemische Verfahrenstechnik ausübt, und diese Entwicklung wird sich in Zukunft verstärken. Niemand sollte den reichen Schatz an Erfahrungswissen, der im Laufe von Jahrzehnten angehäuft wurde, mißachten, er trägt wesentlich zur weiteren Entwicklung unserer Stoffumwandlungsprozesse bei; aber niemand hat auch das Recht, auf solche Kenntnisse zu verzichten, die uns heute durch leistungsfähige Theorien und durch Experimente der Grundlagenforschung zur Verfügung stehen. Beide Faktoren müssen sich in Zukunft in immer stärkerem Maße ergänzen und durchdringen.

Ich möchte jetzt an einigen Beispielen den Einfluß der physikalischen Grundlagenforschung auf die Entwicklung der chemischen Verfahrenstechnik darstellen.

1. *Grundlage aller Stoffumsetzungen* ist eine möglichst genaue Kenntnis der Struktur der reagierenden Moleküle und ihrer Bindungskräfte. Eine der großen Leistungen der Chemie des 19. Jahrhunderts bestand darin, den Begriff der chemischen Bindung eingeführt und ihn zu einem leistungsfähigen Instrument der synthetischen und analytischen Chemie gemacht zu haben. Durch Experiment und Induktion wurde ein reiches Material über den Charakter der chemischen Bindung und über die energetischen Beziehungen von reagierenden Teilchen untereinander zusammengetragen. Ein völliges Verständnis dieser Erscheinungen war damals jedoch nicht möglich.

Es war der Physiker G. N. Lewis, der 1916 die Elektronentheorie der Valenz aufstellte. Im selben Jahr trug auch W. Kossel wesentlich zu diesem Problem bei. 1919 erschienen Arbeiten von I. Langmuir, der die theoretischen Vorstellungen weiterentwickelte, bis dann die Elektronentheorie der Bindung vor allem durch die Entwicklung der Quantenmechanik so weit verfeinert wurde, daß wir wesentliche Fragen der chemischen Bindung und der Bindungskräfte zu verstehen begannen. W. Heisenberg führte 1926 mit einer Arbeit über die Quantenzustände des Heliumatoms die Resonanzvorstellung ein, die dann vor allem von L. Pauling seit den dreißiger Jahren wesentlich erweitert wurde. Auch die Ablösung der leicht vorstellbaren Elektronenbahnen des Atoms durch den Begriff des Orbitals, der heute allgemein anerkannt und für Chemiker unentbehrlich geworden ist, geht auf den Einfluß der physikalischen Grundlagenforschung zurück.

Heute bestehen die Voraussetzungen dafür, daß auf quantenmechanischer Basis eine Theorie geschaffen werden kann, die quantitative Voraussagen auf den Zusammenhang zwischen der Struktur und den Eigenschaften von Molekeln machen kann. Natürlich sind wir noch nicht so weit, und um nicht mißverstanden zu werden, betone ich ausdrücklich, daß diese Entwicklung nicht etwa ausschließlich von Physikern bestimmt werden kann; denn viele von der Chemie zusammengetragene Erfahrungen lassen sich heute durch einfache physikalische Modelle bei weitem noch nicht erklären. Aber ohne den Einfluß der physikalischen Grundlagenforschung auf die weitere Entwicklung der Forschung an technisch bedeutungsvollen Reaktionen ist ein grundlegender Fortschritt nicht zu erreichen.

Es mag mehr als ein Symbol sein, daß L. Pauling, der außerordentlich viel auf dem Gebiet der physikalischen Grundlagenforschung der chemischen

Bindung leistete, seit 1937 am California Institute of Technology wirkt und 1954 den Nobelpreis für Chemie erhielt.

2. *Eine der wichtigsten Aufgaben der Grundlagenforschung* für chemisch-technische Probleme ist die sichere Beherrschung der Reaktionsgeschwindigkeit. Heute hat sich hier ganz allgemein das Nebeneinanderbestehen von klassischen und quantenstatistischen Methoden eingebürgert. Die bis 1930 allgemein angewandte klassische kinetische Stoßtheorie versagte bei der Anwendung auf Reaktionen größerer Moleküle oder komplexer Teilchen.

Die um 1935 von H. EYRING und A. POLANYI entwickelte Theorie der absoluten Reaktionsgeschwindigkeit geht von den Gesetzen der statistischen Mechanik aus und nimmt einen aktiven Komplex als Übergangszustand während der Reaktion an. Sie stellte einen wesentlichen Fortschritt für die theoretische Berechnung von Reaktionsgeschwindigkeiten dar.

Die Theorie der chemischen Reaktion wurde inzwischen durch zahlreiche neue Ansätze verbessert. Quantenmechanische Ableitungen, die den Energieaustausch zwischen den Stoßpartnern und innerhalb der reagierenden Molekeln betreffen, Berücksichtigung der Lebensdauer der angeregten Zustände und Fragen der Kopplung zwischen den einzelnen Energiearten sowie die Berücksichtigung des quantenmechanischen Tunneleffektes haben zu einem wesentlich vertieften Verständnis der Elementarvorgänge geführt. Mit Hilfe der Wellentheorie wurden Kenntnisse über die Potentialoberflächen des aktiven Komplexes erlangt.

Halbempirische Methoden, an deren Entwicklung sich Physiker und Physikochemiker wie J. O. HIRSCHFELDER, R. A. MARCUS und W. W. WOJEWODSKI beteiligten, führten dazu, daß heute Gruppen von Reaktionen technischer Bedeutung bereits recht gut theoretisch beherrscht werden.

Besonders wichtig ist die Auflösung komplexer Reaktionsmechanismen in einzelne wichtige und geschwindigkeitsbestimmende Teilschritte. Die Beherrschung dieser Einzelreaktionen kann dazu verwendet werden, ein mathematisches Modell des gesamten Reaktionsablaufes herzustellen, und diesen mit Hilfe von Rechenmaschinen, die auch als Prozeßkontrollgeräte eingesetzt werden können, zu optimieren. So gelingt es, zwischen der physikalischen und physikalisch-chemischen Grundlagenforschung und der verfahrenstechnischen Praxis eine enge und volkswirtschaftlich höchst bedeutungsvolle Beziehung herzustellen. Es dürfte in wenigen Jahren möglich sein, wichtige Reaktionen mit Hilfe von halbempirischen Verfahren berechnen zu können. Ketten- und Radikalreaktionen, deren technische Bedeutung besonders groß ist, werden in stärkerem Maße in ihren Elementarschritten aufgeklärt und damit verfahrenstechnisch beherrscht. Auch Reaktionen im

Plasma und in heterogener Phase werden wir in zunehmendem Maße für die Technik deuten können.

3. Die Aktivierung von Molekeln. Es waren Physiker, unter ihnen vor allem A. Einstein und J. Stark, die um 1910 herum auf der Grundlage neuer quantentheoretischer Vorstellungen das fotochemische Äquivalentgesetz formulierten, das den Energieaustausch zwischen Lichtquanten und Elektronen darstellt. Mit Hilfe dieser Erkenntnisse gingen dann Physikochemiker, unter ihnen vor allem M. Bodenstein, daran, Kettenreaktionen zu deuten und Schlußfolgerungen für den Reaktionsmechanismus zu ziehen. Um 1920 war nicht zuletzt dank der Hilfe von W. Nernst der Mechanismus der HCl-Bildung im wesentlichen geklärt. Bereits um 1930 fanden diese Erkenntnisse ihren Niederschlag in der technischen Nutzung der Sulfochlorierung von längerkettigen Paraffinkohlenwasserstoffen und in der Durchführung verschiedener Chlorierungsreaktionen.

Heute beschränkt sich natürlich die fotochemische Aktivierung nicht auf diese wenigen Beispiele. Man kann ihr bei der Bildung wertvoller organisch-chemischer Zwischenprodukte, bei der Durchführung von technischen Reaktionen, die den natürlichen Vorgängen der Assimilation des CO_2 unter dem Einfluß des Sonnenlichtes nachgebildet sind, eine große Zukunft voraussagen. Die Abb. 5 gibt einen Überblick über wichtige fotochemische Prozesse in der Technik.

Die Analogie zwischen Lichtquant und Materieteilchen, die Ausdruck der von P. A. M. Dirac und L. V. de Broglie und anderen Physikern aufgestellten Wellentheorie ist, führte auch bald dazu, den Einfluß von Teilchen, zum Beispiel in Form der ionisierenden Strahlung, auf Materie zu untersuchen. Elektronen, neutrale Atome, Neutronen und Ionen entreißen der Elektronenhülle von Atomen Elektronen und schaffen auf diese Weise völlig neue aktive Teilchen, die die Umwandlungsmöglichkeiten in der Chemie wesentlich bereichern.

Ein neuer Zweig entstand: die Strahlenchemie. Abb. 6 gibt einen Überblick über strahlenchemische Prozesse von technischer Bedeutung. Die Erforschung der Elementarvorgänge wurde von Physikern in Angriff genommen, wie zum Beispiel von G. Hertz, J. Franck, S. Rabinowitsch und F. Allan. Aber nur in umfassender Gemeinschaftsarbeit mit Chemikern konnten dann die Erkenntnisse auch für das Studium der Reaktionsmechanismen und ihrer Anwendung im technischen Maßstab gewonnen werden. Eine strahlenchemische Reaktion verläuft, wie Abb. 7 zeigt, in 4 Phasen.

Gänzlich neue Vorstellungen über den Zeitbedarf von Elementarvorgängen wurden eingeführt; aber auch diese Erkenntnisse finden heute bereits bei der

1. Sulfochlorierung von Kohlenwasserstoffen
2. Sulfoxydation von Kohlenwasserstoffen
3. Nitrosierung von Cyclohexan zu Caprolactam
4. Chlorierung von Benzol zu „Gammexan“
5. Fotosensibilisierte Hydrierungen
6. Fotopolymerisation
7. <Fotosynthese von Kohlehydraten>

Abb. 5. Fotochemische Prozesse in der Technik

1. $C_2H_4 + HBr \rightarrow C_2H_5Br$ (Kettenreaktion; $G = 10^4 - 10^5$)
2. Sulfoxydation von Kohlenwasserstoffen
3. Vernetzung von Polymeren (Polyäthylen)
4. Pfropfpolymerisation durch γ-Strahlung
5. Oxydation von Benzol zu Phenol bei 220° und 50 atm O_2-Druck
6. Strahlenkonservierung und Sterilisation von Lebensmitteln und medizinischen Artikeln

Abb. 6. Strahlenchemische Prozesse von technischer Bedeutung

		Zeit
1.	Reaktion des Primärteilchens unter Bildung von Ionen und angeregten Molekülen	$10^{-18} - 10^{-16}$ s
2.	Umwandlung der primären Bestrahlungsprodukte in freie Radikale	10^{-13} s
3.	Kombination der Radikale längs der Spur des ionisierenden Teilchens	10^{-7} s
4.	Reaktion der freien Radikale mit dem umgebenden Medium	$10^{-5} - 10^{-4}$ s

Abb. 7. Die 4 Phasen einer strahlenchemischen Reaktion

technisch genutzten Radiolyse, bei der durch γ-Strahlung ausgelösten Oberflächenvernetzung von Plasten ihre Anwendung.

Vollkommen neue Typen von Reaktionen wurden möglich, so zum Beispiel Umsetzungen des erst 1962 nachgewiesenen solvatisierten Elektrons, das ich als das „entmaterialisierte“ Reduktionsmittel der Chemie bezeichnen möchte. Auch hier werden wir Anwendungen in der Technik in Kürze erwarten können. Wir verfügen heute über eine größere Zahl durch Strahlung induzierter Kettenreaktionen. Aber auch solche Vorgänge, die keine Kettenreaktionen sind, und deren Energiebedarf ausschließlich durch energiereiche Strahlung gedeckt

1. Bildung von Stickoxiden aus den Elementen
2. Bildung von Hydrazin aus Ammoniak

3. $2\,CO_2 \xrightarrow{1\%\,NO_2} 2\,CO + O_2$
4. $1/2\,N_2 + CO_2 \rightarrow NO + CO$

Abb. 8. Mögliche Synthesen in Chemiekernreaktoren

wird, sind in den Bereich der technischen Anwendbarkeit gerückt. Dieser zweite Teil der Entwicklung wird sich technisch allerdings erst dann vollziehen, wenn wir die Kernspaltung auch für chemische Reaktionen einsetzen können. Abb. 8 zeigt einige Reaktionsmöglichkeiten.

Diese Reaktionen müssen sich auf leichte Atomkerne beziehen, da bei schwereren Kernen die Gefahr der radioaktiven Umwandlung so groß sein wird, daß sie technisch nicht beherrscht werden kann. Da die Reichweite dieser Strahlung aus Produkten der Kernspaltung sehr gering ist, werden hier völlig neue verfahrenstechnische Lösungen verlangt, wie zum Beispiel der Staubphasenreaktor. Sicher wird hier die chemische Verfahrenstechnik auch weitere Forderungen an die physikalische Grundlagenforschung stellen, denn mit den bisherigen Möglichkeiten ist eine sichere technologische Anwendung dieser Reaktionstypen noch nicht gewährleistet.

4. *Eines der schwierigsten Probleme*, die Verbindung zwischen der Grundlagenforschung und der Technik herzustellen, ist die richtige, wirksame, wissenschaftlich korrekte Übertragung der Ergebnisse in einem Dimensionsbereich von 1 zu etwa 10000. Deshalb wird der Maßstabsübertragung bei der Entwicklung neuer Verfahren eine besonders große Aufmerksamkeit geschenkt. Die hierfür entwickelte Ähnlichkeitstheorie und die Dimensionsanalyse haben zweifellos gute Ergebnisse gebracht. Aber immer noch bestehen zwischen berechneten und praktisch benötigten Größen, zum Beispiel im Verhältnis der theoretisch ermittelten Zahl von Trennstufen einer Extraktionskolonne zur praktisch erforderlichen Zahl, ein Verhältnis wie 1 : 3 bis 1 : 5, das heißt, zwischen Theorie und Praxis besteht ein so krasses Mißverhältnis, daß viele Praktiker die theoretischen Grundlagen anzweifeln oder mißachten. Offensichtlich genügt das Arbeiten mit dimensionslosen Kennzahlen allein nicht mehr, um den Fragen der Maßstabsübertragung gerecht zu werden. Der Wunsch, die Entwicklung neuer Verfahren zu beschleunigen, führt aber dazu, in verstärktem Maße Zwischenstufen der technischen Entwicklung auszuschalten, so daß Vergrößerungen im Verhältnis 1 : 1000 und mehr immer öfter auftreten werden. Wir brauchen also eine gut fundierte Kenntnis jener

Elementarvorgänge, die vor allem den technisch interessierenden Stoff-, Wärme- und Impulsaustausch an Phasengrenzen beherrschen. Diese Vorgänge sind vom Verhältnis Volumen des reagierenden Systems zur Oberfläche abhängig. Die Grenzflächen sind also in heterogener Phase bildlich gesprochen die Fenster für den Reaktionsvorgang.

Bei Vorgängen an der Phasengrenze gasförmig-fest treten unter anderem die Erscheinungen der Adsorption und der Chemisorption auf. Solche hervorragenden Physiker und Physikochemiker wie H. FREUNDLICH, I. LANGMUIR, A. POLANYI, JI. FRENKEL, M. M. DUBININ, A. W. KISSELEW, S. BRUNAUER und J. H. DE BOER haben wesentliche Beiträge hierzu geleistet.

So entwickelte POLANYI eine von M. M. DUBININ und Mitarbeitern erweiterte Potentialtheorie der Adsorption, die sich für viele Stoffsysteme gut bewährt.

Eine Molekulartheorie, die vor allem Strukturparameter berücksichtigt und dabei auch Potentialansätze nach LENNARD-JONES oder BUCKINGHAM benutzt, wurde unter anderem von R. M. BARRER und A. W. KISSELEW aufgestellt. Ansätze auf statistisch-thermodynamischer Grundlage liegen von JA. KOUTECKY und GA. MARTINOV vor. Aber von einer einheitlichen Theorie der Adsorption sind wir trotz aller Bemühungen noch weit entfernt. Physiker, wie zum Beispiel W. F. KISSELEW, zeigen uns auch die Mängel der bisherigen Theorien: Statt der LENNARD-JONES-Potentiale sollten quantenchemische Ansätze benutzt werden, die die Eigenfunktionen der Teilchen und die Überlappung der Potentiale berücksichtigen. Die dem Chemiker geläufige Unterscheidung zwischen physikalischer Adsorption und der mit Ladungsaustausch verbundenen Chemisorption ist infolge des Einflusses von Ergebnissen der physikalischen Grundlagenforschung immer stärker ins Wanken geraten, so daß sich neue Unsicherheiten in dem Bild, das wir uns von diesen Erscheinungen machten, auftun.

Sicher wird eine Synthese aus den bisher sich widersprechenden Anschauungen gefunden werden, zumal dieses Gebiet technisch außerordentlich wichtig ist. Leider können die Physiker, obwohl das Problem grundsätzlich geklärt zu sein scheint, bisher in keiner Weise Ansätze aufstellen, deren mathematischer Aufwand auch mit größeren Rechenmaschinen beherrscht werden könnte. Deshalb wird in der ganzen Welt vorläufig noch mit den oben genannten Potentialansätzen gerechnet. Der Einfluß dieser Verfahren auf die Gasreinigung, bei der Ammoniaksynthese, auf die Stofftrennverfahren mit Hilfe von Molsieben und auf die technische Katalyse ist von großer Bedeutung.

Die Trennung von natürlichen Stoffgemischen, wie sie im Erdöl oder im Steinkohlenteer vorliegen, wird sich in Zukunft in immer größerem Maße selektiv wirkender Verfahren bedienen. Dazu gehören solche Prozesse, die ganze Gruppen von Verbindungen ähnlicher Struktur mit möglichst hohem Reinheitsgrad trennen. Neben der bereits genannten Selektivadsorption an Molsieben sind Möglichkeiten dieser Art von Stofftrennung mit Hilfe der Diffusion durch Membranen, durch die Clathratbildung und die Gelfiltration gegeben. Abb. 9 gibt einen Überblick über diese Verfahren und ihren möglichen technischen Einsatz.

Hier seien auch die Verfahren zur Trennung von Isotopen erwähnt, an denen Physiker wie K. Clusius und G. Dickel großen Anteil hatten. Diese Stofftrennprozesse sind heute auch verfahrenstechnisch dadurch leichter zu behandeln, daß wir in der Thermodynamik irreversibler Prozesse, die von L. Onsager 1931 begründet wurde, einem Physiker, der 1968 den Nobelpreis für Chemie erhielt, ein leistungsfähiges Instrument zur Verfügung haben.

Verfahren	Phasen	technische Anwendung
Selektivadsorption an Molsieben	gasf. (fl.)-fest	n-Paraffine, H_2O, H_2S n-Olefine, CO_2
Permeation durch Membranen	gasf. (fl.)-fest	(H_2, n-Paraffine, Xylolisomere, azeotrope Gemische)
Clathratbildung	flüssig-fest	Harnstoff-Addukte, Ni-Komplexe für Aromaten
Gelfiltration	flüssig-fest	keine technische Anwendung

Abb. 9. Verfahren, die nach der Molekülgröße und -gestalt trennen

Ein wesentlicher Teil der Theorien über die heterogene Katalyse, mit deren Hilfe heute 80 % aller technisch wichtigen Produktionsverfahren der Chemie gelenkt werden, stammt ebenfalls von Physikern, allerdings hier teilweise in Konkurrenz oder auch in Zusammenarbeit mit Chemikern. Wir unterscheiden zwischen solchen Theorien, die den elektronischen Eigenschaften des Katalysators größte Bedeutung beimessen und die deshalb besonders für Halbleiter brauchbare Modelle liefern, wie die Auffassungen von F. F. Wolkenstein oder K. Hauffe, und solchen Theorien, die den sogenannten aktiven Zentren der Katalysatoroberflächen oder den geometrischen Faktoren den Hauptwert beimessen. Hier sind es besonders die Theorien von F. P. Bowden, D. Tabor sowie die Multiplett-Theorie von Balandin.

Wesentlichen Anstoß zur besseren theoretischen Beherrschung katalytischer Vorgänge gab das physikalisch orientierte Bändermodell des Halbleiters. Seitdem für Elektronen mit Leitfähigkeits- und Valenzbändern die Elektronenaustrittsarbeit vielfach quantentheoretisch berechnet werden kann, stellen sich viele katalytische Vorgänge, besonders solche an dotierten Katalysatoren, unter einem einheitlichen Gesichtswinkel dar. Ergänzt man diese Vorstellungen durch die überwiegend chemisch orientierten Vorgänge an den sorbierten Substratmolekeln, die die katalytische Reaktion eingehen sollen, so kommen wir in einigen wichtigen technischen Fällen bereits zu recht gut fundierten praktischen Ergebnissen. Obwohl wir noch weit von einer einheitlichen Theorie der Katalyse entfernt sind, beginnen wir doch allmählich, den empirischen Grundsatz des „trial and error“ beim Erproben katalytischer Verfahren zu überwinden. Wir wissen heute schon, durch welche Zusätze von Fremdstoffen die Wirkung eines Katalysators erhöht werden kann. Wir kennen diejenigen Katalysatoren, die bevorzugt zur Selektivoxydation, zur Spaltung von Kohlenwasserstoffen oder zur Hydrierung herangezogen werden können. Das macht die technische Entwicklung einfacher und kürzer. Allmählich wird auch die bisherige Trennung in heterogene und homogene Katalyse verschwinden. Auf diesen Gebieten kann die Physik grundsätzlich neue Wege weisen. Der Chemiker wird aber vor allem in der Problemstellung die Führung behalten.

5. *Seit etwa zwei Jahrzehnten widmen wir dem Aufbau des realen Festkörpers* besonders große Beachtung. Wir wissen, daß es einen ideal fehlerlos aufgebauten Kristall nicht gibt. Von den im realen Kristall vorgefundenen Strukturdefekten und Versetzungen macht die Zerkleinerungstechnik bedeutungsvollen Gebrauch. 8–10% der in der Welt erzeugten Elektroenergie, das sind rund 300 Milliarden Kilowattstunden, werden für die Zerkleinerung aufgewandt. Davon wird nur rund 1% effektiv wirksam. Dieser physikalisch-technische Vorgang läuft also mit einem so geringen Wirkungsgrad ab, wie er bei chemischen Umsetzungen normalerweise völlig undiskutabel ist. Es ist also nicht nur von großem wissenschaftlichen, sondern auch praktischem Interesse, neue Erkenntnisse über den Aufbau des Festkörpers und besonders seiner oberflächennahen Bezirke zu gewinnen. Arbeiten von P. A. REHBINDER, P. A. THIESSEN, H. RUMPF, F. P. BOWDEN und D. TABOR, überwiegend stark physikalisch orientiert, führen zu neuen Erkenntnissen.

Schließlich wissen wir immer noch viel zu wenig über den Aufbau von Flüssigkeiten. In der Mitte zwischen den beiden extremen Aggregatzuständen der Materie, dem Gas und dem Festkörper, liegend, geben sie der theoretischen Beherrschung, sei es durch die klassische Thermodynamik oder auch die statistische Physik oder die Quantenmechanik, viele Rätsel auf. Bei Lösungen von Elektrolyten haben wir seit dem Jahre 1926, sofern es sich um verdünnte

Lösungen handelt, die bewährte Theorie von P. DEBYE und E. HUECKEL aber für konzentrierte Lösungen liegt bis heute keine Theorie vor, die eine geschlossene Beschreibung dieser Systeme gestattet, und doch sind gerade diese Systeme von größter verfahrenstechnischer Bedeutung. Es ist also höchste Zeit, daß wir auf diesem Gebiet zu neuen Erkenntnissen gelangen.

Bei Flüssigkeiten, die keine Ionen enthalten, haben die statistische Thermodynamik und die Quantenmechanik in den letzten Jahren erhebliche Fortschritte gemacht. Ob Lochtheorie oder Theorie der Nahordnung, sie alle zielen darauf ab, Flüssigkeiten in gewisser Übereinstimmung mit dem realen Festkörper zu behandeln und Potentialansätze hervorzubringen, die eine theoretische Behandlung der Systeme ermöglichen. Für kugelsymmetrische Molekeln gelingt dies heute bereits weitgehend. Bei schwach polaren Molekeln stellen sich die ersten Erfolge ein, wenn man zur Beschreibung der Systeme einen oder zwei zusätzliche Faktoren einsetzt. Abb. 10 gibt die Verhältnisse für fünf verschiedene Gruppen von Verbindungen wieder.

Typ	Gleichung	chemische Verbindung
O	quantenmechanisch	He, H_2, Ne
S	2-Parameter-Gleichung	CH_4, Ar, Xe, N_2
N_1	3-Parameter-Gleichung	CO, C_2H_6, C_2H_4, CO_2
N_2	4-Parameter-Gleichung	CS_2, SO_2, Benzol, C_2H_2, NO
P	H-Brückenbindungen	Aceton, Amine, NH_3, H_2O, HCN

$z = f(T, V, a, b)$ (2-Parameter-Gleichung)

Abb. 10. Klassifikation von Gasen und Flüssigkeiten nach dem Theorem der übereinstimmenden Zustände

Am schwierigsten sind Systeme mit Wasserstoffbrückenverbindungen zu behandeln. Für diese gibt es noch keine theoretische Lösung. 4 Ansätze, die sich in der Vergangenheit als wirksam erwiesen haben, zeigt Abb. 11. Erkenntnisse auf diesem Gebiet sind für die Technik von größter Bedeutung, betreffen sie doch die Wirksamkeit selektiver Lösungsmittel bei der Extraktion und Absorption. Gerade für petrolchemische Trennverfahren, für die Gewinnung von Kohlenwasserstoffen mit Doppelbindungen sind sie von höchst aktuellem Interesse; aber auch für die Gaschromatographie und andere Analysenprozesse sind Fortschritte auf diesem Gebiet unerläßlich.

6. *Von Physikern gingen schließlich Anregungen aus*, auch in der Technik *sehr hohe Drücke* anzuwenden. Chemiker und Physikochemiker berechnen im allgemeinen die Gleichgewichtslagen von chemischen Reaktionen in „herkömmlichen" Bereichen etwa bis zu 5000 Bar. Diese Druckgebiete sind in-

zwischen der Technik erschlossen. Hier haben die Physik und die technischen Wissenschaften vor allem auch bei der Entwicklung der apparativen Ausrüstung und der Beherrschung der Werkstoffprobleme geholfen.

Abhängigkeit des Kompressibilitätsfaktors Z:

$$Z = f_1 \left[\frac{kT}{\varepsilon}, \frac{P\varrho_0^3}{\varepsilon}, \frac{a}{\varrho_0}, \frac{\mu^2}{\varepsilon\varrho_0^3}, \frac{h}{\varrho_0 (m\,\varepsilon)^{1/2}} \right]$$

LENNARD-JONES-Potential:

$$\psi(r) = 4\,\varepsilon \left[\left(\frac{\sigma}{r}\right)^{12} - \left(\frac{\sigma}{r}\right)^{6} \right]$$

KIHARA-Potential:

$$\psi\,(\varrho) = 4\,\varepsilon \left[\left(\frac{\varrho_0}{\varrho}\right)^{12} - \left(\frac{\varrho_0}{\varrho}\right)^{6} \right]$$

Dipol-Wechselwirkung: $\psi\,(\varrho) - \frac{\mu^2}{r^3}\, g(\theta)$

Aber die Entwicklung geht in bestimmten Fällen auch zur Anwendung höchster Drücke in der Technik über. Die Synthese des Diamanten, die im Druckintervall von 50–200 Kilobar verläuft, kann bereits ein technisches Verfahren genannt werden. Hier hat der Physiker P. BRIDGMAN Pionierarbeit geleistet. Es ist bekannt, daß im überkritischen Bereich Phänomene auftreten, die die Mischbarkeit, die Diffusion, die Wärmeleitfähigkeit und die Viskosität der Systeme wesentlich beeinflussen. Die Elemente selbst nehmen alle bei Drücken über 100 Kilobar metallähnlichen Charakter an. Die Eigenleitfähigkeit des reinen Wassers erhöht sich um 7 Zehnerpotenzen, so daß Säure-Basen-Katalysen durchgeführt werden können. Neue Modifikationen von Feststoffen, zum Beispiel des SiO_2, wurden im Hochdruckbereich bekannt. Es ist damit zu rechnen, daß sich die Verfahrenstechnik auch dieses Gebiet allmählich erschließt.

7. Bisher war die Rede davon, wie die Physik fördernd und anregend auf die chemische Verfahrenstechnik einwirkt. Hier sei kurz dargestellt, *welche Forderungen die Chemie und die chemische Verfahrenstechnik gegenwärtig an die Physik* stellen und welche grundsätzlichen Probleme der Lösung noch harren.

– Wir haben keine Theorie der Adsorption und der Chemisorption. Sie sollte im Laufe eines längeren Zeitraumes auf quantenchemischer Grundlage aufgebaut werden.

- Uns fehlt eine geschlossene Theorie der heterogenen Katalyse. Wenn dies auch vorwiegend die Domäne der Physikochemiker ist, so können uns die Physiker durch neue Erkenntnisse über den Aufbau des realen Festkörpers, durch das Verhalten der Elektronen im Halbleiter, durch solche Ansätze wie die Ligandenfeldtheorie und durch die Beherrschung aller Formen des Energieaustausches zwischen adsorbiertem Substrat und Katalysator helfen, das Problem zu lösen.
- Für viele verfahrenstechnische Grundoperationen in flüssiger Phase sind genaue Kenntnisse über zwischenmolekulare Wechselwirkungen in Flüssigkeiten auch bei polaren Molekeln und solchen, die Wasserstoffbrückenbindungen eingehen, unerläßlich. Hier haben die Physiker eine weitreichende Aufgabe.
- Auf dem Gebiet der dispersen Systeme beginnen wir in vieler Hinsicht erst jetzt, wissenschaftlich exakt zu arbeiten. Die Wechselwirkungskräfte zwischen Teilchen auf Entfernungen von 100 Å und mehr sind offensichtlich anders zu behandeln als die im atomaren Bereich. Diese Fragen aber hängen eng mit der Stabilität disperser Systeme der Flockung und der Koaleszenz zu sammen. Bei der Lösung dieser Probleme muß die Physik helfen.
- Schließlich harren viele Oberflächenprobleme, wie die der Spannungsrißkorrosion, der Kavitation und der Keimbildung, der exakten theoretischen Aufklärung.
- Die in der Zukunft von Bedeutung werdenden Umsetzungen zwischen der bei der Kernspaltung auftretenden Strahlung und den Atomen leichter Elemente sind durch theoretische und experimentelle Bearbeitung so zu verbessern, daß hieraus technisch wertvolle Verfahren entstehen können.
- Indem die chemische Verfahrenstechnik Regelungs- und Optimierungsprobleme zu lösen hat, stellt sie auch an die mit der Physik verbundene Kybernetik neue, aus der Praxis geborene höhere Anforderungen.

Die chemische Verfahrenstechnik fördert direkt und indirekt die physikalische Grundlagenforschung, indem sie zum Beispiel durch Synthese neue Werkstoffe und Materialien herstellt, die sich durch hohe Korrosionsfestigkeit und durch neue mechanische, optische, elektrische und magnetische Eigenschaften auszeichnen.

8. *Die Eigenarten eines chemischen Verfahrens.* Natürlich steht im Mittelpunkt eines chemischen Verfahrens die Stoffumwandlung. Da die Chemie Stoffe bestimmter Qualität produzieren muß, kann man ihre Verfahren nicht vom Stoffspezifischen trennen. Unsere Diskussion soll sich jedoch darauf orientieren, daß dieses Stoffspezifische nicht übermäßig und allein bewertet wird,

sondern daß die chemische Verfahrenstechnik und mit ihr die gesamte Technologie eigene wissenschaftliche Methoden und Fragestellungen haben, die verallgemeinert werden können. Diese multivalente Aussage muß auch in der chemischen Verfahrenstechnik vielseitig genutzt werden. Zwischen einem Hochdruckverfahren zur Herstellung von Ammoniak und zur Gewinnung von Methanol besteht vom Standpunkt des Physikochemikers und des Verfahrenstechnikers kaum ein Unterschied. Wesentliche Fortschritte, die auch dem Interesse der Produktion neuer Stoffe dienen, sind nur durch eine weitgehende Verflechtung der physikalischen, physikalisch-chemischen und chemischen Grundlagenforschung in dem Sinne möglich, daß daraus auch neue qualitative Erkenntnisse, die für die Verfahrenstechnik spezifisch sind, entstehen mögen.

Ein chemisches Produktionsverfahren kann nicht jeden guten im Laboratorium gewonnenen physikalischen oder chemischen Gedanken verwerten. Indem es ihn in eine größere Dimension projiziert, schafft es eine neue Qualität. Außerdem hat ein chemisches Verfahren in höchstem Maße ökonomische, apparative und organisatorische Probleme zu berücksichtigen. Es muß der Nutzung der Energie, der Stoffausbeute und der Verwertung der Nebenprodukte höchste Aufmerksamkeit schenken.

Es muß schließlich eine harmonische Abstimmung aller Prozeßstufen untereinander zum Inhalt haben, und muß viele Kreisläufe, Wärmeaustauscher, Rückführungen, Gegenstrom- oder Gleichstromanlagen berücksichtigen. Das schafft gegenüber der rein chemischen Forschung völlig neue Aspekte.

Schließlich muß ein leistungsfähiges chemisches Verfahren der Gegenwart Gelegenheit bieten, es zu variieren. Rohstoffe verschiedener Herkunft und unterschiedlicher Anforderung an das Endprodukt müssen mit möglichst geringen Änderungen im Produktionsablauf bewältigt werden können. Das chemische Verfahren bildet mit den Automatisierungs- und Optimierungsanlagen des Prozesses eine Einheit. Beide müssen so aufeinander abgestimmt sein, daß höchste Wirksamkeit gewährleistet ist.

Aus allen diesen Gründen stellt die chemische Verfahrenstechnik eine eigene Wissenschaft dar, die sich komplex aus Erkenntnissen der Physik, der physikalischen Chemie, der Chemie, der Mathematik, der Ökonomie und des Apparatebaues zusammensetzt. Hier sollte die Wechselwirkung zwischen Physik und Chemie an einzelnen Beispielen betrachtet werden. Die sich daraus ergebenden Schlußfolgerungen sind in unsere Prognosen, Forschungspläne und wissenschaftsorganisatorischen Maßnahmen einzuarbeiten.

Schlußfolgerungen und Ausblick

1. Die in den vergangenen Jahrzehnten notwendigerweise stark vorherrschenden empirischen Forschungsmethoden müssen in der chemischen Verfahrenstechnik schrittweise abgebaut werden. Obwohl die Erfahrung auch in Zukunft noch eine bedeutende Quelle für technische Entwicklungen sein wird, werden in zunehmendem Maße Ergebnisse der physikalischen und physikalisch-chemischen Grundlagenforschung die Entwicklung chemischer Verfahren bestimmen.

2. Unser Ziel ist, möglichst viele Stufen oder Prozeßabschnitte eines chemischen Verfahrens theoretisch zu berechnen oder durch theoretische Rechnungen so weit zu erfassen, daß nur noch wenige gezielte Experimente zur Beherrschung der Grundlagen erforderlich sind. Dadurch kann bei der Entwicklung neuer Verfahren der Aufwand für Pilotanlagen und halbtechnische Versuchsanlagen eingeschränkt werden, was unter anderem auch zu einer wesentlichen Verkürzung der Entwicklungszeiten führt.

3. Die wissenschaftliche Entwicklung chemischer Verfahren geht immer stärker von den eigentlichen Elementarprozessen der einzelnen Verfahrensstufen aus. Auf einen chemischen Prozeß, der im technischen Maßstab verläuft, wirken allerdings gleichzeitig viele Elementarvorgänge und Faktoren ein. Das erschwert die Verbindung zwischen Grundlagenforschung und verfahrenstechnischer Anwendung, macht sie aber bei richtiger Auswahl der bestimmenden Parameter durchaus möglich.

4. Die für eine höhere Rentabilität und Produktivität chemischer Verfahren erforderlichen neuen Prinzipien und Effekte lassen sich nur durch intensive physikalische und chemische Grundlagenforschung erreichen. Eine schnelle und sorgfältige Auswertung der dabei erlangten Ergebnisse durch umfassende sozialistische Gemeinschaftsarbeit ist erforderlich.

5. Die chemische Verfahrenstechnik muß sich das Ziel stellen, möglichst viele Prozeß- und Reaktionsstufen als Typen einheitlich so zu entwickeln, daß ein vielfältiger Einsatz nach dem Baukastenprinzip möglich ist, womit auch eine weitgehende Automatisierung und Optimierung des Verfahrens gefördert wird.

6. Ein chemisches Verfahren besteht meist aus vielen Prozeßstufen. Es wird seine höchste Leistungsfähigkeit entfalten, wenn es als ein integriertes System von in sich aufeinander abgestimmten Stufen betrachtet und durch mathematische und kybernetische Modelle entsprechend behandelt wird.

Günter Vojta

Statistische Physik und Chemie

Gestatten Sie, daß ich zuerst für die Einladung danke, vor der Klasse über die statistische Physik und ihre Beziehungen zur Chemie zu sprechen. Mein Vortrag setzt sich zum Ziele, folgende Problemkreise zu behandeln:

I. Die Stellung der statistischen Physik als theoretische Grundlagendisziplin und ihre Bedeutung für die Chemie.

II. Probleme, gegenwärtiger Stand und künftige Entwicklungslinien der statistischen Physik in ihrer Anwendung auf die Chemie.

Das Gesamtgebiet der statistischen Physik ist in den letzten Jahren so sehr angewachsen und birgt so viele für die Naturerkenntnis fundamentale und für die verschiedensten wissenschaftlich-technischen Anwendungen wichtige Probleme, daß es in einem einzelnen Vortrag nur möglich ist, einige wesentliche Grundgedanken darzulegen und Akzente zu setzen. Ergänzungen dazu sollen durch ein ausführlicheres Literaturverzeichnis leichter zugänglich gemacht werden. Ich nehme dabei auch gern die Gelegenheit wahr, auf wissenschaftliche Ergebnisse aus meiner Leipziger Forschungsgruppe hinzuweisen.

I. Die Stellung der statistischen Physik als theoretische Grundlagendisziplin und ihre Bedeutung für die Chemie

Man kann vier Stufen der theoretischen Beschreibung von Naturerscheinungen in Vielteilchensystemen, d. h. in thermodynamischen Systemen im weitesten Sinne, unterscheiden [1]:

1. Die empirische Beschreibung

Bei ihr werden Kurven durch Meßpunkte gelegt, ohne nach tieferen Ursachen oder Zusammenhängen zu fragen. Voraussagen sind unsicher; ein Verständnis der Erscheinungen ist nur in Ausnahmefällen möglich. Ein Beispiel bietet eine durch Messungen gewonnene Zustandsgleichung eines realen Gases: Die Extrapolation der Kurven des Zustandsdiagramms liefert im allgemeinen keine Phasenumwandlung; der Kurvenverlauf ist theoretisch nicht oder höchstens qualitativ verständlich.

2. Makroskopische oder phänomenologische Theorien, Kontinuumstheorien, Systemtheorien

Diese Theorien gründen sich auf meßbare makroskopische Größen, ohne die atomistische Struktur der Systeme zu berücksichtigen. Ein System wird als Kontinuum oder als Ganzes betrachtet. Voraussagen sind in beschränktem Umfange möglich; ein Verständnis der Erscheinungen ist ebenfalls beschränkt möglich. Beispiele sind Thermodynamik, Hydrodynamik, Magnetohydrodynamik, Thermodynamik irreversibler Prozesse, Mechanik und Elektrodynamik der Kontinua, Systemtheorie (black-box-Theorie) der Kybernetik.

3. Statistisch-mechanische und stochastische Theorien

Sie sind gekennzeichnet durch die Berücksichtigung der Teilchenstruktur der Systeme und Verwendung statistischer Methoden oder stochastischer Grundannahmen. Voraussagen und Verständnis der Erscheinungen sind vollständig oder weitgehend möglich. Diese Theorien machen insgesamt die statistische Physik aus, s. unten.

4. Mikroskopische oder molekulare Theorien

Diese Formen der Theorie gehen allein von Grundprinzipien und Grundgleichungen („first principles") aus und stellen vollkommen strenge Theorien dar. Voraussagen und Verständnis der Systemeigenschaften sind im Prinzip vollständig möglich, aber praktisch infolge zu schwieriger oder zu umfangreicher mathematischer Anforderungen oft eingeschränkt. Beispiele liefern die Quantenmechanik und Quantenfeldtheorie, die (strenge) Quantenchemie, die Molekültheorie und die Theorien der Elementarprozesse allgemein.

Aus dieser Aufzählung ist ohne weiteres zu ersehen, daß die statistische Physik eines der fundamentalen Gebiete der modernen theoretischen Physik und theoretischen Chemie (oder chemischen Physik) ist; außerdem greift die statistische Physik immer stärker in die Biologie (Molekularbiologie) hinüber. Die statistische Physik gliedert sich insgesamt in folgende Teilgebiete:

a) Statistische Thermodynamik (oder „statistische Mechanik") von Gleichgewichtssystemen (einschließlich chemischer Systeme) [2];

b) statistische Theorie (oder „statistische Mechanik") irreversibler Prozesse (einschließlich chemischer Prozesse) mit der kinetischen Gastheorie als Untergebiet [3];
c) Schwankungstheorie, Theorie stochastischer Prozesse [4].

Während die Gleichgewichtsstatistik in den Grundlagen – nicht in den Anwendungen! – heute weitgehend fundiert und ausgebaut erscheint, befinden sich Nichtgleichgewichtsstatistik und Schwankungstheorie mit ihren verschiedenen Methoden und vielfältigen Anwendungen in voller Entwicklung. Die (physikalische) Theorie der Schwankungen und stochastischen Prozesse stellt dabei eine Brücke zwischen Gleichgewichts- und Nichtgleichgewichtsstatistik dar und ist darüber hinaus eng verbunden mit makroskopischen oder Systemtheorien wie der Thermodynamik irreversibler Prozesse [5], der statistischen Theorie der Turbulenz oder der Theorie der Wellenausbreitung in stochastischen Medien.

Um den ganzen weitgesteckten Rahmen zu umfassen, innerhalb dessen die statistische Physik bis hin zu ihren Anwendungen in der Chemie und der Molekularbiophysik und -biochemie wirksam wird, sind folgende Unterscheidungen sinnvoll, die nun diskutiert werden sollen:

1. Klassische Statistik – Quantenstatistik.
2. Nichtrelativistische Statistik – Relativistische Statistik.
3. Statistik von Systemen aus unstrukturierten Teilchen – aus strukturierten Teilchen.
4. Statistik von wechselwirkungsfreien Systemen – Statistik von Systemen mit Teilchen-Wechselwirkung.

Unter klassischer Statistik versteht man, im Gegensatz zur Quantenstatistik, alle die Gebiete der statistischen Physik, welche die klassischen NEWTONschen oder MAXWELLschen Gleichungen als Grundgleichungen für das Teilchenverhalten benutzen. Da in der Natur alle Teilchen im Prinzip den Gesetzen der Quantenmechanik und Quantenfeldtheorie unterliegen, scheint die klassische Statistik nur eine Vorstufe oder eine Näherungstheorie zur streng richtigen Quantenstatistik zu sein. Das ist jedoch nicht der Fall. Die maßgebenden Quanteneffekte in der Wechselwirkung zumindest der unstrukturierten Teilchen sind oft nur äußerst geringfügig und völlig zu vernachlässigen. Weite Gebiete der Gleichgewichtsstatistik sowie der Transport-, Relaxations- und Schwankungstheorie können daher mit der klassischen Statistik praktisch streng behandelt werden. Dies betrifft vor allem Gase, Plasmen, Flüssigkeiten einschließlich Lösungen, aber es lassen sich auch Festkörper-Modelle, die Gitterschwingungen oder der Ferromagnetismus (ISING-Modell) [2] oder auch nichtentartete Halbleiter [6] beschreiben; auch die Neutronentransporttheorie (als Teil der Kernreaktortheorie) kann sehr weitgehend klassisch behandelt werden.

Die Quantenstatistik muß immer dann einsetzen, wenn tiefere Temperaturen oder höhere Drücke (bzw. größere Teilchenzahldichten) herrschen, aber auch (meist) dann, wenn die Struktur der betrachteten Teilchen eine Rolle spielt. Quantensysteme sind also insbesondere Gase und Flüssigkeiten bei sehr tiefen Temperaturen (Quantengase wie z. B. Helium oder Wasserstoff) [2], Metalle, entartete Halbleiter, Supraleiter und Dielektrika bezüglich ihrer Transporteigenschaften [7], weiter Ferromagnetika, Ferroelektrika, Laser und Atomkerne (als statistische Systeme). Weiter sind Systeme aus anregbaren oder reagierenden Teilchen meist mit den Methoden der Quantenstatistik zu behandeln. Die gesamte theoretische chemische Reaktionskinetik, soweit sie nicht nur Thermodynamik ist, stellt ein Anwendungsgebiet der Quantenmechanik und Quantenstatistik dar [8]. Ebenso ist die strenge kinetische Gastheorie mehratomiger Moleküle ein Teil der Quantenstatistik [9], wenn auch mit klassischen Modellmolekülen oft praktisch brauchbare Ergebnisse zu erzielen sind [10]. Hochpolymere Flüssigkeiten und Festkörper können meist klassisch behandelt werden. Systeme der Molekularbiophysik (z. B. der Genetik!) sind teils mit klassischen, teils mit quantenstatistischen Methoden zu beschreiben [11].

Die relativistische Statistik benutzt die Bewegungsgleichungen der speziellen oder auch der allgemeinen Relativitätstheorie als Grundlage. Bisher ist dieses Gebiet noch verhältnismäßig wenig erforscht worden. Immerhin sind zahlreiche Arbeiten zur Gleichgewichtsstatistik und zur kinetischen Theorie von Gasen und Plasmen erschienen, die korrekte LORENTZ-invariante Gleichungen benutzen, z. B. die relativistische VLASOV-Gleichung; diese Arbeiten sind für Probleme der Astrophysik und der Hochtemperatur-Plasmaphysik (Energiegewinnung durch Kernfusion) bedeutungsvoll. Die formale Eigenschaft der LORENTZ-Invarianz garantiert allerdings die physikalische Richtigkeit der Theorie nur für ideale Systeme aus Teilchen ohne Wechselwirkung oder mit Wechselwirkungskräften unendlich kurzer Reichweite (punktförmigen harten Teilchen). Für alle realen Systeme bietet die endliche Ausbreitungsgeschwindigkeit der zwischenmolekularen Kraftwirkungen eine prinzipielle Schwierigkeit, die den Aufbau einer völlig strengen relativistischen Statistik bis heute behindert [12]. Für die meisten praktischen Zwecke genügen indessen die korrekt relativistisch invariant geschriebenen oder relativistisch korrigierten Bewegungsgleichungen. Interessant ist, daß sich die zwischenmolekularen Dispersionspotentiale bei großen Entfernungen γ vom Teilchen (in der Größenordnung optischer Wellenlängen) nicht mehr mit γ^{-6}, sondern mit γ^{-7} abfallen und daß dieser CASIMIR-Effekt korrekt mit der relativistischen

Quantenelektrodynamik erklärt werden muß [13]. Ähnliche Effekte spielen möglicherweise bei der Energieübertragung in Biopolymeren eine Rolle [14].

Die statistische Physik einschließlich der kinetischen Gastheorie hat sich mit der Untersuchung von Systemen aus unstrukturierten Teilchen (Massenpunkten) entwickelt. Derartige Systeme sind nach wie vor ein Hauptgegenstand der Theorie; die betrachteten Teilchen können Massenpunkte oder harte Kugeln (auch z. B. Ellipsoide oder Zylinder), nicht anregbare Atome, Elementarteilchen wie Elektronen oder Neutronen oder auch Spins sein, die klassisch oder quantenstatistisch behandelt werden. Daneben hat sich in den letzten beiden Jahrzehnten zunehmend die Statistik von Systemen aus strukturierten Teilchen entwickelt; solche Teilchen sind z. B. anregbare Atome oder Ionen, insbesondere aber mehratomige Moleküle. Die entsprechenden Systeme werden u. a. in der statistischen Theorie von Plasmen, der theoretischen Plasmachemie, der Elektrolyttheorie, der Theorie der Molekülkristalle und vor allem in der theoretischen chemischen Reaktionskinetik insgesamt behandelt [8, 9, 11].

Zur vierten der oben genannten Einteilungen schließlich ist folgendes zu sagen.

Die einfachsten denkbaren Systeme der statistischen Physik sind sogenannte wechselwirkungsfreie Systeme, d. h. Systeme aus Teilchen ohne gegenseitige Wechselwirkungskräfte. Beispiele dafür sind das ideale Gas, auch der ideale Paramagnet oder der ideale Kristall, der wie ein wechselwirkungsfreies System behandelt werden kann. Überhaupt gelingt es in vielen Fällen, die Statistik realer Systeme – die natürlich immer eine Wechselwirkung zeigen – auf die Theorie wechselwirkungsfreier Systeme zu reduzieren (oder fast zu reduzieren), und zwar durch mathematische Transformationen und Einführung des Quasiteilchenbegriffs. Quasiteilchen sind entweder Kombinationen aus einem realen Teilchen und einer Beifügung (z. B. einer polarisierten Umgebung) oder aber rein fiktive mathematische Gebilde, die sich formal, d. h. im Rahmen der statistischen Theorie, wie Teilchen beschreiben lassen. Ein bestimmter Stoff kann dann als System von einer oder mehreren Sorten Quasiteilchen aufgefaßt werden; das entstehende „Quasiteilchengas" verhält sich (fast) wie ein ideales Gas [15].

Quasiteilchen der ersten Art sind:

Exciton	(Elektron plus Loch gemäß der quantenmechanischen Energiebändertheorie der Kristallelektronen) [16],
Excitaron	(Exciton plus Phononenwolke, s. unten),
Polaron	(Elektron plus elektrisch polarisierte Umgebung oder Phononenwolke),
Polariton	(Photon plus Polarisationswolke, in Nichtleitern).

Zu Quasiteilchen der zweiten Art gehören:

Phonon	(Quant einer quantisierten Schallwelle bzw. Gitterschwingung eines Kristallgitters),
Torson	(Quant einer Torsionsschwingung bzw. gehemmten Rotation in gewissen Molekülkristallen),
Roton	(Quant der Rotations- bzw. Wirbelbewegungen in flüssigem Helium),
Plasmon	(Quant einer elektrostatistischen Plasmaschwingung in einem Elektronengas, z. B. im Metall),
Magnon	(Quant einer Spinwelle in der Theorie des Festkörper-Magnetismus) [17].

Unsere sehr primitive und vergröbernde Erläuterung des Quasiteilchenbegriffs und die angegebene unvollständige Übersicht sollen auf die fundamentale Bedeutung hinweisen, die die Konzeption des Quasiteilchens (oder auch der Elementaranregung oder Kollektivanregung) für die gesamte moderne Theorie von Vielteilchensystemen hat. Ein typisches Quasiteilchen der zweiten Art insbesondere beschreibt eine Anregung zugleich aller realen Teilchen des Systems, z. B. stellt ein einzelnes Phonon die Anregung einer Normalschwingung aller Atome des Kristallgitters dar. Das bedeutet einen Schritt auf eine Beschreibungsweise hin, die in der Biologie als ganzheitlich bezeichnet wird.

Es ist also ein System vieler Teilchen mit Wechselwirkung durch das Auftreten ganz neuer Eigenschaften wie Festigkeit, Ferromagnetismus, Supraleitung, Adsorption gekennzeichnet. Diese Eigenschaften – kollektive oder kooperative Eigenschaften – sind für Einzelteilchen nicht zu definieren. Obwohl die neuen Eigenschaften auf den Gesetzmäßigkeiten des Einzelteilchenverhaltens, d. h. also der Quantenmechanik, beruhen, bilden sie sich erst durch die kollektive Wechselwirkung vieler Teilchen heraus. Die Kollektiveigenschaften charakterisieren somit eine fundamental neue Stufe des Auftretens von Materie, einen qualitativen Sprung, mit dem auch prinzipiell neue Probleme wie das Irreversibilitätsproblem auftreten (s. unten). Vielteilchensysteme stehen auf der zweiten Stufe, wenn man den Einzelteilchen wie Atomen, Molekülen, Radikalen usw. die erste Stufe (und eventuell elementaren Teilchen eine nullte Stufe) zuschreibt; die dritte Stufe bilden dann lebende Systeme, d. h. Vielteilchensysteme mit Selbstregulation und Selbstreproduktion, also mit Eigenschaften, die von denen der zweiten Stufe wiederum fundamental verschieden sind. – Soweit die Erläuterungen zur Unterscheidung zwischen den Statistiken von Systemen ohne und mit Teilchen-Wechselwirkung.

Die geschilderten neuen Gedanken und Fortschritte der quantenstatistischen Vielteilchentheorie beruhen vor allem auf der Übernahme, Modifikation und Erweiterung von Methoden der Quantenfeldtheorie, wie sie nach 1945 entwickelt worden sind. Eine besonders weittragende Begriffsbildung stellen dabei die quantenstatistischen GREENschen Funktionen (oder Propagatoren) dar, die Erweiterungen entsprechender GREENscher Funktionen der Quantenelektrodynamik und Analoga der GREENschen Funktionen der klassischen Analysis sind. Die GREENschen Funktionen der Quantenstatistik sind als Erwartungswerte von gewissen Operatorausdrücken (z. B. von Kommutatoren nichtvertauschbarer Operatoren) definiert. Sie enthalten sämtliche Kenntnisse, die man überhaupt über Quantensysteme in Gleichgewichts- und Nichtgleichgewichtszuständen erlangen kann. Zu berechnen sind sie insbesondere durch eine systematische Störungstheorie unendlich hoher Ordnung, die durch Verwendung graphentheoretischer Hilfsmittel (FEYNMAN-Diagramme) und Partialsummationen unendlicher Reihen nutzbar gemacht wird [18].

Die quantenfeldtheoretischen Methoden haben sich als so fruchtbar erwiesen, daß sie auch in die klassische statistische Physik übernommen worden sind, insbesondere zur Untersuchung von irreversiblen Prozessen durch die Schule von PRIGOGINE [3, 19].

In der Methodik der modernen statistischen Physik sind neben den störungstheoretischen Verfahren vor allem zur Berechnung GREENscher Funktionen noch weitere wichtige Methoden zu nennen. So wird die Methode der GREENschen Funktionen oft gekoppelt mit Funktionalmethoden (Funktionaldifferentiation, Funktionalintegration) [20] und Variationsmethoden, die aber auch für sich oder in Verbindung mit sehr allgemeinen Operatortechniken von großer Bedeutung sind. Mit der Methode der Projektionsoperatoren zur Lösung der LIOUVILLE-Gleichung als strenger Grundgleichung der statistischen Physik [21] konnten viele Ergebnisse auf relativ einfachem Wege erhalten werden [22], die z. T. vorher durch bedeutend umständlichere Graphenverfahren ermittelt wurden. Die Operatormethode ist auch in erweiterter Form und unter Benutzung informationstheoretischer Konzeptionen zur Berechnung von komplizierten Systemen mit nichtlokalem und nicht-MARKOFFschem Verhalten und mit gekoppelten Transport- und Relaxationsprozessen sehr erfolgreich [23]. Weitere wichtige Verfahren, auf die hier nur hingewiesen werden kann, sind die ältere Methode der kanonischen Transformationen [24], die Mehrzeitskalenmethode [25] und die Methode der singulären Eigenlösungen von VAN KAMPEN und CASE [26].

Es ist bemerkenswert, daß ein großer Teil der genannten Methoden und Konzeptionen auf die Chemie ausstrahlt und bereits auf die chemische Reaktionskinetik und die Quantenchemie angewandt worden ist. Alle Systeme der Chemie gehören selbstverständlich zu den oben erwähnten Vielteilchensystemen der zweiten Stufe. Speziell die molekulare und statistische Theorie der chemischen Reaktionsgeschwindigkeiten ist sowohl mit den Methoden der Gleichgewichtsstatistik (EYRINGsche Theorie der absoluten Reaktionsgeschwindigkeit) als auch der kinetischen Theorie und der Theorie stochastischer Prozesse durchgeführt worden [8], s. Teil II. Neuerdings wird auch die Methode der quantenstatistischen GREENschen Funktionen zum strengen möglichst einwandfreien Aufbau der Theorie benutzt [27, 28].

Für die Chemie ist aber noch ein anderer Aspekt der modernen Vielteilchentheorie wichtig. Jedes größere Atom oder Molekül stellt nämlich bereits für sich genommen ein Vielteilchensystem (aus vielen Elektronen) dar und kann deshalb mit den Methoden der Quantenstatistik bzw. der Quantentheorie von Vielteilchensystemen auch unter Benutzung quantenfeldtheoretischer Konzeptionen, des Begriffs der GREENschen Funktion und der Diagrammtechnik behandelt werden. Das ist besonders in den letzten Jahren erfolgreich geschehen, wobei im Vordergrund die Berücksichtigung der Elektronenkorrelation steht [29]. Man hat außerdem für konjugierte organische Moleküle seit langem das Elektronengas-Modell verwendet und dabei auch Plasmonen und Excitonen eingeführt [30].

Nachdem nun die statistische Physik mit ihren verschiedenen Gebieten und Methoden kurz umrissen ist, müssen noch einige allgemeine Feststellungen über ihren Charakter als Grundlagen- und Querschnittsdisziplin, ihre Möglichkeiten und ihre Grenzen getroffen werden.

Die statistische Physik ist eine der Säulen der modernen physikalischen Erkundungs- und Grundlagenforschung. Sie besteht nicht einfach aus einer Summe von Problemen und Methoden etwa der Quantentheorie. Vielmehr weist sie ihren eigenen Charakter, qualitativ neue Probleme und eigene Methoden auf. Die neuen Probleme ergeben sich durch die kollektive Wechselwirkung vieler Teilchen und wurden bereits angedeutet (vgl. auch Abschnitt II). Die Methoden der statistischen Physik sind insbesondere auch weitgehend von denen der Wahrscheinlichkeitsrechnung und mathematischen Statistik verschieden.

In praktischer Hinsicht gesehen ist die statistische Physik prinzipiell in der Lage, zu einem genaueren und tiefgehenden Verständnis aller Systemeigenschaften und Prozesse zu führen und damit Ansatzpunkte für deren wissenschaftlich-technische Nutzung zu liefern. Dies ist bei alleiniger Benutzung makroskopischer Theorien oft nicht möglich, insbesondere dann nicht, wenn feinere atomare oder molekulare Effekte eine wesentliche Rolle spielen.

Andererseits ermöglicht die statistische Physik die explizite Berechnung von Zahlenwerten für thermodynamische Funktionen, Transportkoeffizienten, Reaktionsgeschwindigkeiten und Stoffdaten überhaupt – eine Aufgabe, die makroskopische Theorien wie Kontinuumsmechanik, Hydrodynamik oder

Thermodynamik ihrem Wesen nach nicht bewältigen können. Bemerkenswert ist dabei die Gleichartigkeit der Methoden der statistischen Physik für die verschiedenen Anwendungsgebiete einschließlich der Chemie und auch der Molekularbiologie, wie sie besonders in der modernen Entwicklung der Theorie zum Ausdruck kommt.

Man kann insgesamt drei Hauptaufgaben der statistischen Physik formulieren. Die erste Aufgabe besteht in der Erkennung und Lösung von Grundlagenproblemen wie denen der Irreversibilität thermodynamischer Prozesse, der Entropiedefinition, der informationstheoretischen Begründung der statistischen Physik, des Zustandsbegriffs oder des quantenmechanischen Meßprozesses. Die zweite Aufgabe ist die Herleitung und Begründung makroskopischer Theorien, wie z. B. der Thermodynamik irreversibler Prozesse, auf der Grundlage der statistischen Physik, d. h. ausgehend von den strengen Grundgleichungen der Vielteilchentheorie [23]; dazu gehört auch die Untersuchung des Näherungscharakters der makroskopischen Theorien und die Festlegung ihrer Gültigkeitsgrenzen. Die dritte und für die wissenschaftlich-technische Praxis bei weitem wichtigste Aufgabe besteht in der Schaffung von Methoden zur Berechnung konkreter Systemeigenschaften – dazu ist die genaue theoretische Untersuchung der Systeme und Prozesse und deren Verständnis nötig – und in der numerischen Durchführung der Rechnungen.

Eine wichtige Voraussetzung für die praktische Durchführbarkeit von konkreten Systemberechnungen ist meist die Kenntnis von charakteristischen Größen und Funktionen für die beteiligten Atome, Moleküle, Ionen oder Radikale. Dieser Gesichtspunkt ist besonders von Bedeutung, wenn man die derzeitigen Möglichkeiten und Grenzen der Anwendbarkeit der statistischen Physik auf die Probleme der Chemie überschauen will. Diese Grenzen sind in der Praxis meist durch das Fehlen derartiger Molekülparameter gegeben. Dazu kommen manchmal noch teils sehr bedeutende prinzipielle mathematische Schwierigkeiten oder Probleme des Rechenaufwands.

Die von der statistischen Physik benötigten molekularen Daten umfassen je nach Aufgabenstellung u. a. Trägheitsmomente, Schwingungsfrequenzen, intra- und intermolekulare Potentialfunktionen, darunter auch Hemmungspotentiale der gehemmten Rotation, ferner elastische Streuquerschnitte und teilweise Anregungs-, Ionisations- und Reaktionsquerschnitte. (Die zuletzt genannten Wirkungsquerschnitte können mit modernen statistischen Methoden, etwa der Methode der GREENschen Funktionen, ebenfalls berechnet werden, wenigstens im Prinzip.) Diese Daten müssen entweder durch molekülphysikalische Experimente oder durch die Quantenmechanik oder allgemeiner die Molekültheorie geliefert werden. Praktisch ist meist eine Kopplung beider Verfahren von Nutzen; so können z. B. die für statistisch-thermodynamische

Berechnungen von Systemen mit isotopensubstituierten Molekülen benötigten Schwingungfrequenzen dieser Moleküle über eine klassische Normalkoordinatenanalyse aus den gemessenen Frequenzen der normalen Moleküle berechnet werden [31]. Bei fehlenden molekularen Daten kann man in vielen Fällen, besonders für einfachere Systeme mit kleineren Molekülen, durch Modellrechnungen (mit Modellmolekülen oder Modellsystemen) gute bis sehr gute Ergebnisse erzielen.

Zusammenfassend ist festzustellen, daß die statistische Physik als die molekulare Theorie aller thermodynamischen Systeme ein wesentliches Fundament auch der Theorie chemischer Systeme bildet. Um voll wirksam zu werden, bedarf sie insbesondere der Bereitstellung von molekularen Daten. Andererseits fallen auch Fragen der chemischen Verfahrenstechnik insoweit in ihren Kompetenzbereich, als es um numerische Werte von z. B. Leitfähigkeiten oder thermodynamischen Daten überhaupt geht.

II. Probleme, gegenwärtiger Stand und künftige Entwicklungslinien der statistischen Physik in ihrer Anwendung auf die Chemie

Die statistische Physik befindet sich mit all ihren vielfältigen Anwendungsgebieten seit etwa zwei Jahrzehnten in rascher Entwicklung. Hier sollen vor allem die für die Chemie und speziell die chemische Reaktionskinetik wichtigen Problemkreise mit ihren gelösten und noch ungelösten Fragen erörtert werden, und zwar in der Reihenfolge Gleichgewichtsstatistik, Statistik irreversibler Prozesse allgemein, Statistik von Transportprozessen, Statistik von Relaxationsprozessen und Statistik chemischer Reaktionen.

Die statistische Thermodynamik von Gleichgewichtssystemen ist für die meisten Klassen thermodynamischer Systeme in den Grundlagen weitgehend fixiert und für sehr viele Systeme auch praktisch durchgeführt [2]. Zu den behandelten Systemen gehören Gase, auch aus mehratomigen Molekülen [1, 2, 32], Gasplasmen, auch im Hinblick auf die Hochtemperatur- oder Plasmachemie [33], Lösungen von Nichtelektrolyten, Elektrolyten [34] und Hochpolymeren, Festkörper [7] wie Atom-, Ionen- und Molekülkristalle, Metalle (Quantenplasmen), Ferromagnetika, Ferroelektrika und Spinsysteme. Erfolgreich untersucht wurden auch chemische Gleichgewichte in der Gas- und z. T. in der flüssigen Phase [2, 32], Gleichgewichte mit einer kondensierten Phase und einer reagierenden Gasphase, chemische Ring-Ketten-Gleichgewichte [35], Clathrate [36], chemische Isotopenaustauschgleichgewichte [31, 32, 37], Gleichgewichte mit biologisch aktiven Molekülen.

Noch nicht genügend entwickelt ist die Gleichgewichtsstatistik von reinen Flüssigkeiten, verschiedenen Arten von Lösungen, von komplizierteren Legierungen, realen Ferromagnetika, von festen Hochpolymeren und von Systemen mit Grenzflächenerscheinungen, z. B. Adsorption. Unbefriedigend entwickelt ist ferner noch die gesamte Theorie der Phasenübergänge, die heute noch keine Aussagen z. B. über die bei einer Phasenumwandlung zu erwartende neue Kristallstruktur zu machen gestattet; außerdem enthält sie auch gewisse Grundlagenprobleme, die den Begriff des Zustandes selbst betreffen [38]. Ein biochemisch wichtiger Phasenübergang ist die Helix-Knäuel-Umwandlung von Polypeptiden, die u. a. mit dem ISING-Modell eines Ferromagneten [2] mit Erfolg untersucht worden ist [11].

Die grundlegende und zugleich die einfachste und praktisch am meisten verwendete Methode zur Berechnung thermodynamischer Funktionen und damit thermodynamischer Gleichgewichtsdaten ist die Zustandssummenmethode [2]. Aus der Zustandssumme

$$Q = \sum_n e^{-E_n/kT} \tag{1}$$

kann man bekanntlich alle thermodynamischen Größen durch einfache Differentiationen gewinnen; hierin sind die Größen E_n die möglichen Energieeigenwerte des betrachteten Systems, n bedeutet einen vollen Satz von Quantenzahlen der kommutierenden Operatoren, die das System im Gleichgewicht quantenmechanisch vollständig beschreiben, und die Summe läuft über alle möglichen Sätze n (k ist die BOLTZMANN-Konstante und T die KELVIN-Temperatur). Unter Einführung der (unnormierten) quantenstatistischen Dichtematrix (des sogenannten statistischen Operators) ϱ kann man die Formel (1) auch als

$$Q = \mathrm{Sp}\,\varrho = \mathrm{Sp}\,e^{-H/kT} \tag{2}$$

schreiben; hierbei ist H der Gesamt-HAMILTON-Operator des Systems, und Sp bedeutet die Spur, d. h. die Summe aller Diagonalelemente der Matrix. Zur Berechnung der Zustandssumme ist danach die Kenntnis der Energieeigenwerte E_n nötig, die aus der SCHRÖDINGER-Gleichung zu berechnen sind, meist eine sehr mühevolle Aufgabe.

Diese Aufgabe kann man umgehen, wenn man die sogenannte WIGNER-Funktion f_W als eine Art räumliche FOURIER-Transformierte der Dichtematrix einführt. Diese Funktion hängt von Orts- und Impulskoordinaten aller Teilchen ab, verhält sich also wie eine Phasenraum-Verteilungsfunktion. Mit ihr kann man wie mit gewöhnlichen Verteilungsfunktionen der klassischen Statistik rechnen [39]. Die Zustandssumme beispielsweise wird ein Phasenraumintegral

$$Q = \int \cdots \int d_{q_1} \cdots d_{p_N} f\; w\; (q_i, p_i). \tag{3}$$

Die Phasenraummethode oder Quantenstatistik ist u. a. dann besonders nützlich, wenn schwächere Quanteneffekte wie bei Isotopensystemen [40] oder Systemen mit gehemmter Rotation bzw. stark anharmonischen Schwingungen (z. B. in organischen Molekülen, in Molekülkristallen, in Adsorbaten) [41] vorliegen.

Für Flüssigkeiten ist von EYRING ein Näherungsverfahren unter Benutzung von Einteilchen-Zustandssummen vorgeschlagen worden, nämlich die Theorie der signifikanten Strukturen [42]. Damit sind praktisch recht brauchbare Vorausberechnungen auch bei Adsorptions- oder Transportproblemen möglich.

Die statistische Theorie irreversibler Prozesse umfaßt sämtliche real ablaufenden Prozesse, also Transportprozesse, Relaxationsprozesse und chemische Reaktionen; dazu kommen Schwankungsprozesse. Hier ist die Theorie in den Grundlagen wie in den Anwendungen in voller Entwicklung. Es existiert eine Reihe von noch weitgehend ungelösten Grundlagenproblemen, die für die Erweiterung unserer Naturerkenntnis von großer Bedeutung sind. Dazu zählt z. B. das Problem der makroskopischen Irreversibilität aller realen Prozesse im Gegensatz zur zeitlichen Reversibilität aller elementaren molekularen Prozesse [3, 43]. Dieses Irreversibilitätsproblem ist besonders interessant im Zusammenhang mit der Evolution im Bereich der Biologie. Weitere Probleme sind – damit zusammenhängend – das Ergodenproblem, das Problem der Entropiedefinition und das Problem des quantenmechanischen Meßprozesses. Für Systeme in zeitabhängigen Magnetfeldern [44] oder mit starker Teilchenwechselwirkung [45] ist insbesondere noch offen, wie überhaupt die Entropie definiert werden soll – falls man nicht auf die allgemeine informationstheoretische Entropiedefinition zurückgreift [23].

Die Statistik von Transportprozessen arbeitet, in sehr grober Einteilung, hauptsächlich mit zwei Methoden, der kinetischen Methode und der Korrelationsfunktionsmethode (oder Methode der GREENschen Funktionen). Die erste Methode ist im Prinzip die der klassischen kinetischen Gastheorie und umfaßt die Lösung kinetischer Gleichungen für Verteilungsfunktionen, aus denen sich dann die Transportkoeffizienten ergeben [9]. Die zweite, modernere Methode basiert auf der Schwankungstheorie. Bei ihr werden aus den Schwankungen im Gleichgewicht die Größen der (irreversiblen!) Theorie berechnet. Dadurch kann die schwierige kinetische Theorie insgesamt umgangen werden; Verteilungsfunktionen werden nicht benötigt, sondern nur Korrelationsfunktionen im Gleichgewicht [46]. Eine Schwierigkeit bedeutet das gelegentliche Auftreten von Divergenzen in den Endformeln beider Methoden.

Erfolgreich behandelt, und zwar mit beiden Methoden, wurden bisher Gase, auch aus mehratomigen Molekülen [10] und mit chemischen Reaktionen, Gasplasmen, Systeme mit Neutronen- oder Strahlungstransport, Festkörper (Metalle, Halbleiter, Supraleiter, Molekülkristalle) [7, 15] und Quantenflüssigkeiten bei tiefsten Temperaturen. Die Theorie ist für reine Flüssigkeiten sowie Lösungen – abgesehen von Elektrolytlösungen [34] – bisher wenig erfolgreich gewesen, vor allem wegen der starken Teilchenwechselwirkung und der rasch variierenden Mikrostruktur insbesondere in vielen protolytischen und assoziierenden Flüssigkeiten. Auch für den Transport entlang von Grenzflächen oder durch poröse Medien (Molekularsiebe!) existieren erst Ansätze einer strengen statistisch-mechanischen Theorie [47].

Die statistische Theorie von Relaxationsprozessen benutzt recht verschiedenartige Methoden, zu denen kinetische und stochastische (wahrscheinlichkeitstheoretische) Methoden und die Korrelationsfunktionsmethode zählen [33]. Erfolgreich bearbeitet wurden Relaxationsprobleme u. a. für Dielektrika, für Ferromagnetika im Ising-Modell, für Spinsysteme [48] und vor allem für den Energieaustausch (Energietransfer) zwischen und innerhalb von Molekülen [33], z. B. die Schwingungsrelaxation. Die inter- und intramolekulare Dynamik beherrschen weitgehend den Ablauf chemischer Reaktionen. Für größere Moleküle und für Relaxationsprozesse in Lösungen, bei Adsorption und z. B. bei heterogener Katalyse muß durch Zusammenwirken von Quantenmechanik und statistischer Physik die Hauptarbeit zur Aufstellung einer praktisch brauchbaren Theorie noch getan werden.

Die statistische Theorie chemischer Prozesse beginnt erst jetzt zu einer strengen Theorie zu werden. Eine chemische Elementarreaktion in einem homogenen System ist ein reiner Relaxationsprozeß. Ein realer chemischer Prozeß verläuft meist unter Beteiligung verschiedenartiger Transport- und Relaxationsprozesse in mehreren Stufen (Elementarreaktionen), wodurch die konkrete Berechnung erschwert wird. Die Methoden der kinetischen Reaktionskinetik sind noch recht vielfältig; am meisten verwendet wird die sogenannte Theorie der absoluten Reaktionsgeschwindigkeiten nach Eyring u. a., eine Quasi-Gleichgewichtstheorie, daneben auch die kinetische Theorie für Gase und Flüssigkeiten [8]. Eine strenge statistische oder kinetische Theorie kann die Grenzen der Eyringschen Theorie abstecken und diese verbessern und erweitern; Ansätze dazu sind bereits vorhanden. Erfolgreich behandelt wurden bisher vor allem Reaktionen in der Gasphase. Reaktionskinetische Isotopieeffekte lassen sich relativ gut berechnen [27, 49].

Die theoretisch einfachsten Reaktionen sind unimolekulare Reaktionen, insbesondere Ionisation und Dissoziation. Hier hat man schon ein genaueres Bild der intramolekularen Prozesse. Bereits bimolekulare Reaktionen sind noch weitgehend unerforscht und ihre Geschwindigkeitskonstanten oft nur sehr ungenau berechenbar. Neben der Theorie der absoluten Reaktionsgeschwindigkeiten und der kinetischen Theorie wurden verschiedene stochastische Theorien sowie besondere Formen einer Phasenraumtheorie erprobt [8]. In jüngster Zeit beginnt der volle Einsatz der modernen allgemeinen Methoden der statistischen Physik, vor allem der Korrelationsfunktionsmethode bzw. der Methode der GREENschen Funktionen, s. z. B. [27, 28, 50].

Es ist zu erwarten, daß in den nächsten zehn bis zwanzig Jahren die Grundlagen einer strengen allgemeinen Theorie chemischer Reaktionen, zuerst für die Gasphase, gelegt werden. Damit und durch zu erwartende Fortschritte in der theoretischen und experimentellen Molekülphysik werden sich Möglichkeiten zu einer genaueren Berechnung chemischer Reaktionen eröffnen.

Literaturverzeichnis

[1] VOJTA, G., Lehrbuch der statistischen Thermodynamik. Erscheint bei B. G. Teubner, Leipzig.

[2] MÜNSTER, A., Statistical Thermodynamics, Vol. I., Springer-Verlag, West-Berlin, Heidelberg, New York, Academic Press, New York, London 1969.

[3] PRIGOGINE, I., Non-Equilibrium Statistical Mechanics, Interscience/Wiley, New York, London, 1962; GUROV, K. P., Grundlagen der kinetischen Theorie, Verlag Wissenschaft, Moskau 1966 (russ.).

[4] DE GROOT, S. R., und P. MAZUR, Non-Equilibrium Thermodynamics, North-Holland Publish. Co., Amsterdam 1962.

[5] VOJTA, G., Abhandl. Dt. Akad. Wiss. Berlin 1967, No. 1, 183; GYARMATI, I., Ann. Physik *23* (1969) 353.

[6] VOJTA, G., und M. MOCKER, Ann. Physik (1970); KOLLEY, W., und G. VOJTA, Ann. Physik (1970).

[7] KITTEL, C., Quantum Theory of Solids, John Wiley, New York 1963; BRAUER, W., Einführung in die Elektronentheorie der Metalle, Akadem. Verlagsges. Geest u. Portig, Leipzig 1966.

[8] BUNKER, D. L., Theory of Elementary Gas Reaction Rates, Pergamon Press, New York, 1966; JOHNSTON, H. S., Gas Phase Reaction Rate Theory, Ronald Press, New York, 1966. NORTH, A. M., The Collision Theory of Chemical Reactions in Liquids, Methuen, London, Wiley, New York 1964.

[9] WALDMANN, W., in Handbuch der Physik (Herausg. S. FLÜGGE), Bd. XII, Springer-Verlag, West-Berlin, Göttingen, Heidelberg 1958, S. 469.

[10] JOHANSEN, H., Z. physik. Chem. (Leipzig) *242* (1969) 363.

[11] WOLKENSTEIN, M. W., Moleküle und Leben, Georg Thieme, Leipzig 1969 (Übers. aus dem Russ.).

[12] HAVAS, P., in Statistical Mechanics of Equilibrium and Non-Equilibrium (Ed. J. MEIXNER), North-Holland Publish. Co., Amsterdam 1965, S. 1.

[13] Adv. Chem. Phys. *12* (1967): Intermolecular Forces; CASIMIR, H. B. G., und D. POLDER, Phys. Rev. *73* (1948) 360.
[14] JEHLE, H., Proceed. Nat. Acad. Sci. (USA) *50* (1963) 516.
[15] KITTEL, C., Introduction to Solid State Physics, John Wiley/Interscience, New York, 3. Aufl. 1966; PINES, D., Elementary Excitations in Solids, Benjamin, New York 1963; AGRANOWITSCH, W. M., und I. M. LIEFSCHIZ, in Struktur und Formen der Materie, Deutscher Verlag der Wissenschaften, Berlin 1969, S. 207.
[16] DAVYDOV, A. S., Theory of Molecular Excitons, McGraw-Hill, New York 1962 (Übers. aus dem Russ.).
[17] AKHIEZER, A. I., V. G. BAR'YAKTHAR, und S. V. PELETMINSKI, Spin Waves, North-Holland Publish. Co., Amsterdam 1968 (Übers. aus dem Russ.).
[18] NOZIÈRES, P., Le Problème a N Corps, Dunod, Paris, 1963; ABRIKOSOV, A. A., L. P. GOR'KOV und I. YE. DZYALOSHINSKII, Quantum Field Theoretical Methods in Statistical Physics, Pergamon Press, Oxford, 2. Aufl. 1965 (Übers. aus dem Russ.).
[19] BALESCU, R., Statistical Mechanics of Charged Particles, Interscience/Wiley, New York, London 1963.
[20] MARTIN, P. C., und J. SCHWINGER, Phys. Rev. *115* (1959) 1342.
[21] ZWANZIG, R., J. Chem. Phys. *33* (1960) 1338; MURIEL, A., und M. DRESDEN, Physica *43* (1969) 424, 449.
[22] YULMETEV, R. M., Ukrain. Fiz. Ž. *12* (1967) 24; BALESCU, R., Physica *38* (1968) 98; *42* (1969) 464; POMPE, W., und K. VOSS, Ann. Physik *19* (1967) 253, 261; POMPE, W., Ann. Physik *20* (1968) 326; EBELING, W., Ann. Physik *16* (1965) 147; Beiträge Plasmaphys. *7* (1967) 11; DRECHSLER, K. L., und F. RÖSLER, Ann. Physik *23* (1969) 334.
[23] ROBERTSON, B., Phys. Rev. *144* (1966) 151; *160* (1967) 175; HABERLANDT, R., und G. VOJTA, J. Phys. Soc. Japan *26* (1969) Supp. 222.
[24] BOHM, D., und D. PINES, Phys. Rev. *85* (1952) 338; KANNO, S., Progr. Theoret. Phys. *41* (1969) 966, 1145.
[25] SANDRI, G., Ann. Physics *24* (1963) 332, 380.
[26] VAN KAMPEN, N. G., Physica *21* (1955) 949; CASE, K. M., Ann. Physics *7* (1959), 349; ZWANZIG, R., Phys. Rev. *144* (1966) 170; VOJTA, G., J. Phys. Soc. Japan *26* (1969) Suppl. 221; VOJTA, G. und M. MOCKER, Ann. Physik (1970).
[27] PAUL, R., G. N. FOWLER und W. G. LAIDLAW, J. Chem. Phys. *48* (1968) 63; PAUL, R., J. Chem. Phys. *49* (1968) 2806.
[28] VOJTA, G., und H.-U. TEMPEL, Z. Naturforschg. *25* a (1970).
[29] Adv. Chem. Phys. *14* (1969): Correlation Effects in Atoms and Molecules; PRIMAS, H., Internat. J. Quant. Chem. *1* (1967) 493.
[30] IZUYAMA, T., Progr. Theor. Phys. *22* (1959) 445.
[31] VOJTA, G., Theorie der thermodynamischen Isotopieeffekte, in HERTZ, G. (Herausgeber), Lehrbuch der Kernphysik, Bd. III, B. G. Teubner, Leipzig 1962.
[32] GODNEW, I. N., Berechnung thermodynamischer Funktionen aus Moleküldaten, Deutscher Verlag der Wissenschaften, Berlin 1963 (Übers. aus dem Russ.).

[33] CLARKE, J. F., und M. McCHESNEY, The Dynamics of Real Gases, Butterworths, London 1964.
[34] FALKENHAGEN, H., Elektrolyte, S. Hirzel, Leipizg, 2. Auflage 1953, 3. Auflage in Vorbereitung.
[35] BENSON, S. W., Thermodynamical Kinetics, Wiley, New York 1968.
[36] HILLIER, I. H., und J. WALKLEY, J. Chem. Phys. *43* (1965) 3713.
[37] VOJTA, G., Kernenergie *3* (1960) 917, 927; Z. physik. Chem. (Leipzig) *217* (1961) 337.
[38] RUELLE, D., Statistical Mechanics, Rigorous Results, Benjamin, New York, Amsterdam 1969.
[39] VOJTA, G., Ann. Physik *9* (1967) 337.
[40] VOJTA, G., Z. physik. Chemie (Leipzig) *220* (1962) 379; HABERLANDT, R., und G. VOJTA, Kernenergie *5* (1962) 321.
[41] VOJTA, G., Habilitationsschrift Karl-Marx-Universität Leipzig, 1960; Ann. Physik *9* (1962) 337.
[42] EYRING, H., T. S. REE und T. REE, Internat. J. Engng. Sci. *3* (1965) 285.
[43] HEYBEY, J., Beiträge Plasmaphys. *7* (1967) 357.
[44] STILLER, W., und G. VOJTA, Z. Naturforschg. *24* a (1969) 545, 555; KIRSTEN, T., und G. VOJTA, Physica (1970).
[45] PRIGOGINE, I., et al., Physica *32* (1966) 1873.
[46] KUBO, R., J. Phys. Soc. Japan *12* (1957) 570.
[47] BERAN, M. J., Statistical Continuum Theories, Interscience/Wiley, New York 1968.
[48] LÖSCHE, A., Kerninduktion, Deutscher Verlag der Wissenschaften, Berlin 1957.
[49] RÜHLEMANN, S., Z. physik. Chem. (Leipzig) *242* (1969) 353.
[50] VOJTA, G., und U.-H. TEMPEL, Z. physik. Chem. (Leipzig), in Vorbereitung.

Heinrich Kriegsmann

Physikalische Untersuchungsmethoden und Geräte in der Chemie

Physik und Chemie durchdringen sich auf weiten Gebieten immer stärker. Im folgenden soll der Versuch gemacht werden, einige Probleme anzusprechen, die bei der Wechselwirkung zwischen beiden Gebieten auftreten. Die Beispiele werden dabei aus dem Gebiet der Instrumentalanalyse gewählt, da hier zweifelsohne in den vergangenen Jahren die Verknüpfung der beiden Disziplinen besonders stark ausgeprägt war. Dabei wird unter Analyse nicht nur die Ermittlung der qualitativen und quantitativen Stoffzusammensetzung, sondern auch die Bestimmung von Strukturen, Bindungsverhältnissen und ähnlichem verstanden. Für diesen erweiterten Begriff der Analyse wird in letzter Zeit auch häufig der Terminus Stoffdiagnose benutzt.

Zur Übernahme von Forschungsergebnissen aus der Physik in die Chemie

Bei der Übernahme neuer Erkenntnisse aus der physikalischen in die chemische Forschung sind häufig Schwierigkeiten aufgetreten, die sich u. a. in großen Zeitverlusten bei der Nutzung der neuen Ergebnisse bemerkbar machten. Der Grund hierfür ist sehr oft darin zu suchen, daß in der physikalischen Forschung ein Problem prinzipiell gelöst wird, dann aber keine weitere Aufbereitung der Ergebnisse erfolgt, sondern gleich das nächste neue Problem in Angriff genommen wird. Dem Chemiker bleiben dann die entwickelten Theorien z. T. unverständlich bzw. er ist nicht in der Lage, ein neues Meßprinzip zu nutzen, da ihm die apparativen Voraussetzungen fehlen.

Daß dies nicht immer so sein muß, sei an einem Beispiel gezeigt. Nach der Entdeckung des Raman-Effektes im Jahre 1928 durch Raman und Mandelstam und Landsberg wurde die Anwendung in den dreißiger Jahren gemeinsam durch Physiker und Chemiker betrieben. Im deutschsprachigen Gebiet ist diese Entwicklung durch die Namen Kohlrausch, Simon und Goubeau charakterisiert. Begünstigt wurde die rasche Anwendung der Raman-Spektroskopie in der Chemie sicher dadurch, daß die damaligen Apparaturen relativ einfach waren, so daß sogar einige wesentliche apparative Weiterentwicklungen aus den chemischen Instituten kamen. Bei der Spektrendeutung wurden die in der Physik entwickelten Potentialansätze wesentlich durch die Vorstellungen der Chemiker beeinflußt. So konnte damals die RAMAN-Spektroskopie sehr schnell zu einer wichtigen Untersuchungsmethode für Struktur und Bindungsverhältnisse werden.

Ganz anders verlief die Entwicklung der dispersiven Infrarotspektroskopie. Wahrscheinlich wegen der zunächst wesentlich komplizierteren Meßeinrichtungen blieb sie weitgehend auf den Einsatz in der Physik beschränkt. Als dann nach dem zweiten Weltkrieg relativ einfach zu bedienende kommerzielle Geräte zur Verfügung standen, verbreitete sich die Methode sehr rasch auch in vielen organisch-chemischen Laboratorien. Da den meisten Chemikern zu dieser Zeit die Theorie der Schwingungsspektren nur wenig bekannt war, erfolgte die Spektrenauswertung meist rein empirisch nach „charakteristischen Frequenzen", was bei der Strukturaufklärung, insbesondere aber bei der Diskussion von Bindungsverhältnissen, in einer ganzen Anzahl von Fällen zu Fehlinterpretationen führte.

Die angeführten Beispiele aus der Vergangenheit zeigen, daß eine hohe Effektivität auf den Grenzgebieten zwischen Physik und Chemie nur möglich ist, wenn Physiker und Chemiker sowohl in experimenteller als auch in theoretischer Hinsicht eng zusammenarbeiten. Heute sind in diese kollektive Arbeit außerdem Mathematiker, Elektroniker, Gerätebauer, Verfahrensingenieure und Ökonomen einzubeziehen, wie aus den folgenden Abschnitten zu erkennen ist.

Geräte im chemischen Laboratorium

Auf verschiedenen Gebieten der physikalisch-chemischen Forschung werden heute, ganz ähnlich wie in der experimentellen Physik, unikale Meßgeräte erstellt, die in der Regel höchsten Ansprüchen genügen müssen. Dazu ist ein gutes Sortiment von Bausteinen bzw. Einzelgeräten, wie z. B. Oszillographen, Netzgeräten, Verstärkern usw., sowie ausreichende hochwertige Werkstattkapazität erforderlich. Eine den Wissenschaftler oder Laboranten von Routinearbeit befreiende Automatisierung oder Halbautomatisierung und eine entsprechende Datenerfassung und Datenverdichtung gehören heute bereits vielfach zu diesen Meßplätzen. Bei entsprechend breiter Bedeutung der mit ihnen erzielten Ergebnisse entstehen aus diesen Meßplätzen unter Umständen handelsübliche Geräte.

Zur Charakterisierung von Stoffen und Gemischen im weitesten Sinne wird sowohl in der physikalisch-chemischen, in der organisch- und anorganischchemischen Forschung als auch zur Betriebs- und Produktkontrolle ein breites Sortiment an Analysengeräten benötigt und im internationalen Maßstab auch im Handel angeboten. Ohne Anspruch auf Vollständigkeit seien als wichtige Methoden genannt: Chromatographie, insbesondere Gaschromatographie, aber auch Flüssigkeits- und Dünnschicht-Chromatographie, Emissionsspektroskopie, Röntgenspektroskopie, Atomabsorptionsspektroskopie, Absorptionsspektroskopie vom VUV bis FIR, RAMAN-Spektroskopie, Kern- und Elektronenresonanzspektroskopie, MÖSSBAUER-Spektroskopie, Massenspektroskopie, Röntgen- und Neutronenbeugung, alle elektrochemischen Analysenverfahren, insbesondere die verschiedenen Methoden der Polarographie usw. Dazu kommen immer wieder neue Verfahren, wie z. B. jetzt die induzierte Elektronenemissionsspektroskopie. Die Auswahl der geeigneten Methoden hängt von der Aufgabenstellung und den Eigenschaften der zu untersuchenden Stoffe ab. Dabei geht man immer mehr zum komplexen Einsatz mehrerer Analysenverfahren über. Dadurch wird die Sicherheit der Aussage sehr stark erhöht, da Mehrdeutigkeiten der Meßergebnisse mit nur einer oder zwei Methoden so in den allermeisten Fällen ausgeschaltet werden können. So werden für die Strukturermittlung verdampfbarer organischer Substanzen in der Regel heute vorrangig die in Tab. 1 angegebenen Methoden eingesetzt. Die Auswertung der Meßergebnisse erfolgt dabei hauptsächlich durch empirischen Vergleich mit Erfahrungsmaterial. Je nach Problem werden häufig noch andere spektroskopische Methoden hinzugezogen. Die wesentlich aufwendigere Röntgenkristallstrukturanalyse wird meist nur dann durchgeführt, wenn das Strukturproblem mit den spektroskopischen Methoden wegen fehlender Erfahrungswerte nicht sicher und eindeutig zu lösen ist.

Zur Lösung solcher und vieler anderer Aufgaben werden sowohl Spitzengeräte mit höchsten Leistungsdaten als auch Routinegeräte mit hoher Betriebssicherheit und großem Bedienungskomfort benötigt. Der komplexe und

Tabelle 1. Einige wichtige Methoden zur Strukturanalyse verdampfbarer Stoffe

Methode	*Einige Aussagen der Methode*
Gaschromatographie	Trennung und Reinstdarstellung, Grobklassifizierung aus Retentionsdaten
Massenspektroskopie	Molekulargewicht, Elementarzusammensetzung, charakteristische Bruchstücke des Gerüstes
Infrarotspektroskopie	Funktionelle Gruppen u. a. an charakteristischen Frequenzen
Kernresonanzspektroskopie	Konfiguration und Konformation, Stellung und Anzahl der H-Atome usw.
UV/VIS-Spektroskopie	Doppelbindungen, Konjugation, Mesomerie usw.

zum Teil direkt apparativ gekoppelte Einsatz verschiedener Methoden sowie der rationelle Einsatz der modernen Rechentechnik führen dabei immer mehr zu System- bzw. Teilsystemlösungen.

Der zum Teil sehr hohe Anschaffungspreis, die relativ geringe moralische (und meist auch physische) Lebensdauer der Geräte von ca. 5 Jahren, der rationelle Einsatz des zur Messung, zur Auswertung und zur Deutung der Ergebnisse sowie zur Wartung der Geräte benötigten hochqualifizierten Kaderstammes und der soeben erwähnte Systemcharakter erfordern eine Konzentration vor allem der Großgeräte in Meß- bzw. Diagnosezentren. Darüber hinaus müssen aber zur sofortigen Kontrolle synthetischer Forschungsergebnisse Routinegeräte den präparativ arbeitenden Chemikern unmittelbar zugänglich sein.

Der Einfluß der Rechentechnik auf die Instrumentalanalyse

Wir stehen heute mitten in einer wesentlichen Umgestaltung der Instrumentalanalyse durch den Einsatz der Mittel der modernen Rechentechnik. Es zeichnet sich ab, daß die meisten konventionellen instrumentalanalytischen Verfahren durch die on-line-Verarbeitung der Meßwerte in einem Rechner und die Steuerung und Kontrolle der Analysengeräte durch den gleichen Rechner zu wesentlich effektiveren Methoden ausgebaut werden. Dabei haben besonders folgende Hauptentwicklungsrichtungen Bedeutung:

1. Die möglichst frühzeitige Aussonderung der Nutzinformation aus der Gesamtinformation. Hierzu gehören u. a. die rechnerische Verbesserung des Auflösungsvermögens der Analysegeräte zur exakteren Bestimmung der Lage von Spektrallinien oder von Retentionsdaten, die rechnerische Trennung überlappter Signale, die Bestimmung von Linienflächen und -momenten, die Korrektur apparativ bedingter Signalverfälschungen und die Ermittlung wesentlicher Stoffparameter, wie z. B. Konzentrationen aus den korrigierten Signalen. Dies alles führt zu kürzeren Analysenzeiten und billigeren Analysen.

2. Die Herabsetzung der Nachweisgrenze um ein bis zwei Größenordnungen bei den konventionellen Analysenmethoden und die Verringerung der Streubreite der Messungen durch „multiscan“- und „time-average“-Technik und andere rechnerische Filtermethoden. Durch die Aufteilung der Gesamtmeßzeit in viele kurze Zeitintervalle, in denen je eine vollständige Messung durchgeführt wird, und die Mittelwertbildung über alle Messungen läßt sich der günstigste Kompromiß zwischen Analysenzeit und Nachweisgrenze bzw. Genauigkeit schließen.

3. Die Anwendung neuer Meßprinzipien in konventionellen Analysenmethoden, z. B. die Anwendung stochastisch, quasistochastisch, impuls-

förmig und periodisch variabler Eingangsgrößen und die Auswertung der Ausgangsgrößen mittels FOURIER- oder Korrelationsanalyse. Dazu gehören alle Methoden der FOURIER- und Impulsspektroskopie sowie bestimmte chromatographische Methoden. Durch ihren Einsatz wird z. T. eine wesentliche Verbesserung der Empfindlichkeit bei gleicher Analysenzeit bzw. eine Herabsetzung der Analysenzeit bei gleichbleibender Empfindlichkeit (z. B. FOURIER-Spektroskopie) erreicht oder die Überführung einer diskontinuierlichen Analysenmethode in eine kontinuierliche möglich (z. B. Gaschromatographie).

4. Die Automatisierung der Analysenverfahren. Dabei übernimmt der der Meßwertverarbeitung dienende Rechner gleichzeitig die Steuerung des Analysengerätes. Er optimiert nach einer Probemessung die Einstellparameter des Gerätes und hält diese optimalen Werte aufrecht, indem er für die geräteinternen Regelkreise den Regler bildet. Hierdurch werden die Bedienung des Gerätes wesentlich vereinfacht, der Analysendurchsatz erhöht und so das Preis/Leistungsverhältnis der Geräte verbessert.

Welcher Anteil der oben genannten Rechenarbeiten dabei von einem im Gerät installierten Kleinrechner oder aber von einem mit mehreren Geräten korrespondierenden mittleren Rechner übernommen wird, sei hier nicht diskutiert. Für viele Aufgaben ist aber ein solcher mittlerer Rechner (Prozeßrechner) zur weiteren Datenverdichtung und -verarbeitung vor allem in den weiter oben genannten Meßzentren notwendig. Von ihm aus muß dann der Übergang zur Großrechenanlage gesichert sein.

Für die Strukturanalyse ergeben sich durch den Einsatz der Rechentechnik zusätzlich einige Aspekte. Mit der Meßwertverarbeitung im on-line-Rechner eng verbunden sind die Verringerung des Anteils der nicht nutzbaren Information an der Gesamtinformation und eine damit verbundene Verringerung des Informationsflusses, die wiederum zur Senkung der Analysenkosten führt. Setzt man nun statt einer mehrere Methoden zur Lösung eines Problems ein, so wählt man von jeder Methode die Parameter zur Weiterverarbeitung aus, für die das Verhältnis von Nutz- zu Gesamtinformation günstig ist. Bei Einsatz nur einer Methode muß man dagegen zur Lösung des Problems auch solche Meßparameter mit heranziehen, die ein sehr ungünstiges Verhältnis von Nutz- zu Gesamtinformation zeigen. Für bestimmte Aufgaben bzw. Aufgabengebiete können so nach informationstheoretischen Gesichtspunkten Analysenmethoden zusammengestellt und die dafür optimal ausgelegten Geräte zu rechnergesteuerten Gerätesystemen verbunden werden, die es gestatten, die gestellten Aufgaben mit einem Minimum an Kosten zu lösen.

Da die spektroskopische Strukturanalyse, wie oben bereits ausgeführt, weitgehend auf einem empirischen Datenvergleich beruht, der heute meist noch durch den Menschen unter Zuhilfenahme von Tabellen usw. geschieht, bieten naturgemäß Rechenanlagen mit entsprechender Speicherkapazität hier einen entscheidenden Fortschritt. Bei ihrem Einsatz wird man dabei auf Grund der angedeuteten informationstheoretischen Überlegungen sicher nicht die gesamten Spektren, sondern nur Ausschnitte mit hoher Nutzinformation speichern und aus Gründen der Speicherkapazität auch nicht ganz auf die Einschaltung des Menschen in den Auswerteprozeß verzichten, da dieser durch rasche Kombination schwierig zu programmierender Kriterien, Erfahrungen und theoretischer Überlegungen hier z. Z. nur schwer Ersetzbares leistet.

Geräte zur Prozeßkontrolle

Für die Prozeßautomatisierung und die Qualitätsverbesserungen der Produkte in der chemischen Industrie ist eine rationelle Meß- und Regeltechnik im Prozeß unbedingte Voraussetzung. Hier soll nur auf das Problem der Meßfühler eingegangen werden. Heute werden die meisten chemischen Prozesse noch mit stoffspezifischen Größen, wie Druck, Temperatur, Dichte, Brechungsindex, Viskosität, Leitfähigkeit usw., kontrolliert. An stoffspezifischen Analyastoren werden nichtdispersive Analysatoren im UV/VIS und IR, Prozeß-Gaschromatographen und einige stoffspezifische elektrochemische Meßverfahren eingesetzt.

Voraussetzung für eine wirksame stoffspezifische Prozeßanalytik ist die meßtechnische Durchdringung der Verfahren bereits bei der Verfahrensentwicklung im Labor- und Technikumsmaßstab. Dazu wird das für die Laboranalyse geforderte breite Sortiment an Geräten benötigt. In Auswertung dieser Erkenntnisse wird der Meßfühler für den Prozeß dann unter folgenden generellen Gesichtspunkten ausgewählt:

1. erforderliche Information (Konzentrationsbereich, Genauigkeit, Auflösung usw.),
2. maximale Analysenzeit für wirksame Prozeßregelung,
3. vertretbarer ökonomischer Aufwand.

Dabei werden im allgemeinen drei Varianten zur Diskussion stehen:

1. Diskontinuierliche Prozeßkontrolle im Laboratorium mit schnellster und modernster Proben- und Nachrichtenübermittlung (wie z. B. im Stahlwerk).

2. Entwicklung eines analytischen Meßfühlers nach dem im Laboratorium oder Technikum erprobten günstigsten Meßprinzip bzw. Rückgriff auf bereits erhältliche Fühler dieser Art.

3. Einführung eines einfacheren Meßverfahrens nach Vorgabe von Randbedingungen, z. B. Druck- oder Temperaturmessung, nachdem mit stoff-

spezifischen Methoden festgelegt wurde, in welchen Grenzen diese einfachen Meßgrößen genau und sicher genug auf Änderungen ansprechen.

Die Entscheidung muß dabei immer nach der Devise „so genau wie nötig, so sicher und billig wie möglich" erfolgen.

Besonders wichtig erscheint es, das Angebot an stoffspezifischen Meßfühlern zu erhöhen und dabei insbesondere das Problem der repräsentativen Probennahme zu lösen, wobei beachtet werden muß, daß die empfindlichen Meßfühler nicht verunreinigt werden dürfen. Da Prozeßanalysatoren besonders betriebssicher sein müssen, sind in erster Linie solche Methoden für diese Zwecke geeignet, die sich über längere Zeit im rauhen Routinebetrieb im Laboratorium bewährt haben.

Da bei der automatisierten Prozeßkontrolle die anfallenden Meßwerte sofort weiterverarbeitet werden müssen, ist die im vorangehenden Abschnitt beschriebene Einflußnahme der Rechentechnik hier besonders groß.

Die bisherigen Betrachtungen zeigen, daß die Prozeßanalytik und die Laboranalytik eng miteinander verflochten sind und daß eine qualifizierte Prozeßkontrolle ohne eine hochentwickelte Laboranalytik nicht möglich ist.

Beiträge molekülspektroskopischer Methoden zur Klärung von Bindungsverhältnissen

Mehrere Male wurde im vorangehenden darauf hingewiesen, daß die praktische Strukturanalyse mit Hilfe spektroskopischer Methoden in großem Maße auf der Anwendung empirisch gewonnener Kenntnisse beruht. Im folgenden soll nun an einigen ausgewählten Beispielen aus dem eigenen Arbeitsgebiet [1] gezeigt werden, welche Beiträge die spektroskopischen Verfahren zur Beschreibung von Bindungsverhältnissen leisten. Die enge Verflechtung von physikalischer und chemischer Betrachtungsweise tritt hier ganz klar zutage. Gleichzeitig deutet sich dabei an, wie die spektroskopische Strukturanalyse immer mehr vom rein empirischen Vergleich zu einer theoretisch durchdrungenen Grundlage kommt.

Die Spektroskopie beruht auf der Wechselwirkung zwischen elektromagnetischer Strahlung und Materie. Die Molekülspektren enthalten damit Informationen über Struktur und Eigenschaften von Elektronenhülle und Kernen bzw. deren Wechselwirkungen. Sowohl die Struktur der Moleküle als auch ihre Widerspiegelung in den Spektren kann mit Hilfe der Quantenmechanik beschrieben werden. In der Praxis zeigt sich aber, daß z. Z. – von ganz einfachen Fällen abgesehen – eine solche quantenmechanische Behandlung noch nicht exakt möglich ist. Man ist deshalb sowohl bei der Beschreibung der Molekülstruktur als auch bei der Erklärung der spektroskopischen Meßparameter auf vereinfachte Modellvorstellungen angewiesen. Dieses halbempirische Vorgehen gestattet in vielen Fällen eine Interpretation der Bindungsverhältnisse anhand der Spektrenparameter, welche das Molekül charakterisieren. Besonders die in den letzten Jahren immer zahlreicher werdenden Untersuchungen gleicher oder ähnlicher Substanzen mit verschiedenen molekülspektroskopischen Verfahren zeigen, daß zwischen den mit den einzelnen Methoden gewonnenen Größen deutliche Zusammenhänge bestehen, die eine wenigstens qualitative Beschreibung der elektronischen Struktur der Moleküle ermöglichen. Bei einer solchen vergleichenden Auswertung muß aber immer beachtet werden, daß bei den verschiedenen molekülspektroskopischen Verfahren die einzelnen im Rahmen der Modelle definierten Bindungsparameter unterschiedlich angesprochen werden, so daß es nicht überraschend ist, wenn in bestimmten Fällen keine einfache Abhängigkeit der Meßgrößen existiert.

Im folgenden soll nach einer Zusammenstellung der Meßgrößen an einer Reihe von Beispielen gezeigt werden, wie sich die Aussagen aus verschiedenen Methoden ergänzen, welche Probleme bei einem solchen Vergleich auftreten und welche Fakten beachtet werden müssen. Wir sind uns des empirischen bzw. halbempirischen Charakters unseres Vorhabens bewußt und hoffen, hiermit eine Anregung zur weiteren theoretischen Durchdringung der Problematik zu geben.

Um einen möglichst engen Zusammenhang zwischen Meßgröße und Bindungsparameter zu erhalten, ist es erforderlich, störende Einflüsse weitgehend auszuschalten oder konstant zu halten. Man ist deshalb auf eine vergleichende Betrachtung angewiesen, wobei Substanzreihen untersucht werden, in denen bestimmte Molekülbauteile, die durch spektroskopische Parameter charakterisiert werden, konstant gehalten werden. Der Einfluß des variierten Molekülrestes auf die Meßgrößen gestattet dann eine Beschreibung der intramolekularen Bindungsbeeinflussung. Analog werden intermolekulare Wechselwirkungen anhand des Einflusses der chemischen Umgebung (Lösungsmittel, Aggregatzustand) auf den spektroskopischen Parameter gemessen, der das betrachtete Molekül charakterisiert. Folgende Auswahl von allgemein bekannten spektroskopischen Meßgrößen soll nachstehend zur Charakterisierung der intra- und intermolekularen Wechselwirkungen herangezogen werden:

IR- und Raman-Spektroskopie

Aus den IR- und RAMAN-Spektren können in den Fällen, wo keine Kopplungen der Schwingungen möglich sind, die Wellenzahlen der Schwingungsbanden zur Charakterisierung der Bindungsstärke benutzt werden, weil das eigentliche Maß für die Stärke einer chemischen Bindung, die Kraftkonstante, direkt aus der Wellenzahl und den konstant gehaltenen Massen der an der Schwingung beteiligten Atome folgt. Die integrale Intensität A einer solchen charakteristischen IR-Schwingungsbande gibt Aufschluß über die Polaritätsverhältnisse der betrachteten Bindung, da

$$A \sim \left(\frac{d\mu}{dQ}\right)^2$$

gilt (μ = Dipolmoment, Q = Normalkoordinate).

NMR-Spektrokopie

Auch die chemischen Verschiebungen und die Konstanten der indirekten Spin-Spin-Kopplung können zur teilweisen Beschreibung der Elektronenstruktur herangezogen werden. Die chemische Verschiebung in der ^{1}H–NMR-Spektroskopie gibt Aufschluß über die effektive Elektronendichte am Ort des betrachteten Protons, wenn die unmittelbare Umgebung dieses Kerns konstant gehalten wird, und damit die Verschiebungsbeiträge, die vom Rest des Moleküls herrühren, für die gesamte Meßreihe den gleichen Wert besitzen. Zur ^{13}CH-Kopplungskonstante trägt nur die Fermische Kontaktwechselwirkung bei. Damit ist J(^{13}CH) direkt dem s-Charakter des Kohlenstofforbitals zum H proportional, wenn die Elektronenanregungsenergie als konstant angesehen wird und keine zu starken Polaritätsänderungen in der C–H-Bindung auftreten. Die vicinalen Kopplungskonstanten J(H–C–C–H) hängen außer vom Dieder-Winkel noch von der Hybridisierung der beteiligten C-Atome, der Elektronegativität der Bindungspartner sowie vom C–C-Abstand und damit vom π-Bindungsgrad der C–C-Bindung ab. Hier interessiert nur, daß der Betrag von J(H–C–C–H) mit dem π-Bindungscharakter ansteigt (bessere σ-Überlappung) und mit wachsender Elektronegativität des Bindungspartners fällt, wenn die anderen Bindungsparameter konstant gehalten werden.

NQR-Spektroskopie

Die Größe der Kern-Quadrupolkopplungskonstante $e \cdot q \cdot Q$ wird von der Symmetrie der Ladungsverteilung um den herausgegriffenen Kern bestimmt. Unter der vereinfachten Annahme, daß die Hybridisierungsverhältnisse des betrachteten Atoms innerhalb einer Meßreihe konstant sind, wächst die Quadrupolkopplungskonstante mit sinkendem Ionencharakter der Bindung zum benachbarten Atom.

UV/V-Spektroskopie

Die Lage der langwelligsten Absorptionsbande λ_{max} eignet sich zur Charakterisierung von π-Elektronensystemen. Diese Größe ist auf der Grundlage der HMO-Theorie sowie deren Verbesserungen leicht einer quantitativen Interpretation zugänglich.

Aussagen, die mit Hilfe einer der angeführten spektroskopischen Meßgrößen gewonnen wurden, sind im allgemeinen unsicher, weil der Zusammenhang zwischen Meßgröße und Bindungsparameter, wie oben gezeigt wurde, nicht exakt und oft stark eingeschränkt ist. Beim Wechsel eines Substituenten oder eines Lösungsmittels muß deshalb immer geprüft werden, ob die Beeinflussung der Meßgröße tatsächlich über die angenommene Veränderung der Bindungsverhältnisse erfolgt und nicht durch andere Effekte hervorgerufen wird (Kristallgittereffekte, Schwingungskopplung, magnetische Anisotropie u. a.). Eine Aussage wird erst dann sicher, wenn mehrere voneinander unabhängige Meßgrößen eine gleiche Interpretation der Bindungsbeeinflussung gestatten.

In vielen Fällen bestehen zwischen der Polarität und der Festigkeit einer Bindung Zusammenhänge, so auch in der OH-Bindung der von uns untersuchten Triorganosilanole. In Abb. 1 sind die Wellenzahlen und die Quadratwurzeln aus den absoluten integralen IR-Intensitäten der OH-Valenzschwingung über der Summe der TAFTschen σ^*-Konstanten der Substituenten R aufgetragen. Es ist ersichtlich, daß mit steigender elektronegativer Substitution am Silicium die OH-Bindung gelockert wird, wobei gleichzeitig die Polarität zunimmt. Dabei sprechen die Intensitätswerte bei den Triorganosilanolen offensichtlich empfindlicher auf die Substituentenänderung an als die Wellenzahlen. Die von BROOK und PANNEL [2] in Dimethylsulfoxid gemessenen chemischen Verschiebungen τ der OH-Protonen der Triorganosilanole sind ebenfalls in Abb. 1 eingetragen. Sie lassen erkennen, daß die Abschirmung des Protons der OH-Bindung mit deren wachsender Polarität abnimmt, weil die effektive Elektronendichte am Ort des Hydroxylprotons sinkt und außerdem die H-Brücken zum Dimethylsulfoxid stärker werden.

Die übereinstimmenden Ergebnisse der IR- und NMR-Messungen können überdies dahingehend gewertet werden, daß die charakteristischen, zur Auswertung benutzten Größen in ihrer Aussagekraft nicht durch für die einzelnen Methoden spezifischen Effekte wie Schwingungskopplung oder magnetische Anisotropie von Nachbargruppen eingeschränkt werden.

Die Kopplungskonstante $J(^{13}CH)$, die sich aus den NMR-Spektren ermitteln läßt, ist ein geeignetes Maß für den s-Charakter des in der CH-Bindung

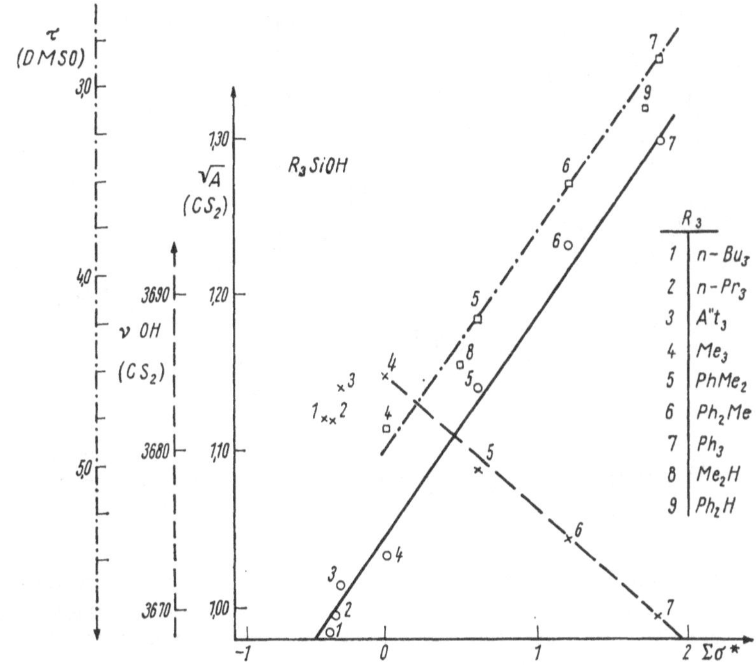

Abb. 1 Die chemischen Verschiebungen τ (in ppm) der Hydroxylprotonen (2) sowie die Wellenzahlen ν OH (in cm^{-1}) und die Wurzeln aus den integralen Intensitäten $\sqrt{A}$ (A in $10^4 \cdot Mol^{-1} \cdot l \cdot cm^{-2}$) der OH-Valenzschwingung von organosubstituierten Silanolen (gelöst in Dimethylsulfoxid bzw. Schwefelkohlenstoff) in Abhängigkeit von der Summe der Taftschen Substituentenkonstanten $\Sigma\sigma^*$

verwendeten Kohlenstofforbitals. In Verbindungen vom Typ CH_3X läßt sich außerdem über die Orthonormierungsbedingung die Hybridisierung des Kohlenstofforbitals in der CX-Bindung bestimmen. Je größer $J(^{13}CH)$ ist, um so größer ist die s-Hybridisierung im Kohlenstofforbital zum Wasserstoff, und damit wächst in CH_3X-Verbindungen der p-Anteil im Kohlenstofforbital zu X.

In Abb. 2 sind die auf $\pm$ 0,1 Hz gemessenen $J(^{13}CH)$-Kopplungskonstanten der Methylmethoxysilane, der entsprechenden Kohlenstoffverbindungen und der Methylchlorsilane gegen die Wellenzahlen der CH_3-Valenzschwingungen der C–CH_3- bzw. Si–CH_3-Gruppierungen aus den IR- bzw. Raman-Spektren (Meßgenauigkeit $\pm$ 1 cm^{-1}) aufgetragen. Betrachten wir zunächst die Methoxyverbindungen. Bei den Kohlenstoffderivaten steigt mit wachsender

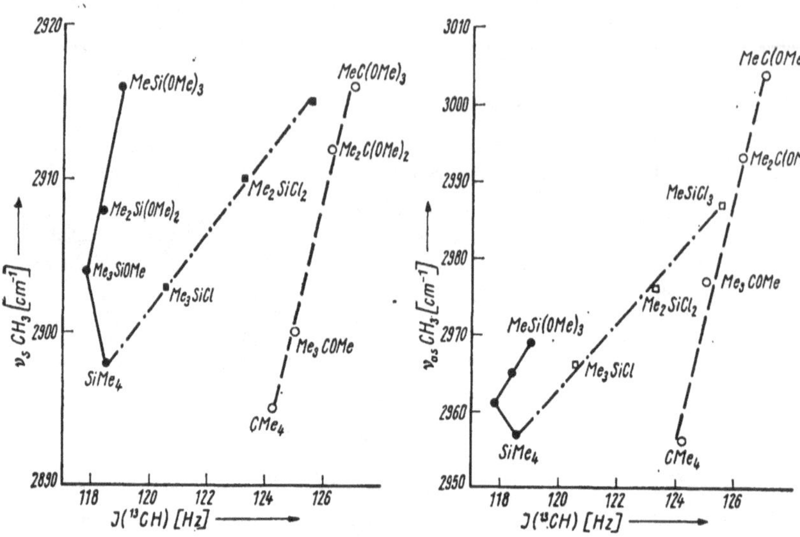

Abb. 2. Wellenzahlen der symmetrischen und antisymmetrischen CH-Valenzschwingungen ν_s CH_3 und $\nu_{as}CH_3$ sowie die ^{13}CH-Kopplungskonstanten der direkt an das Zentralatom gebundenen Methylgruppen der Verbindungen $(CH_3)_n\,SiCl_{4-n}$, $(CH_3)_nSi(OCH_3)_{4-n}$ und $(CH_3)_nC(OCH_3)_{4-n}$ (n = 1 bis 4)

Zahl elektronegativer Methoxygruppen und fallender Zahl Methylgruppen am zentralen Kohlenstoffatom beim Übergang von $(CH_3)_4C$ zum $CH_3C(OCH_3)_3$ die Kopplungskonstante J(^{13}CH) um 3 Hz an, und die CH_3-Valenzschwingungen zeigen den größten Anstieg. Nach dem oben Gesagten bedeutet dies eine Zunahme des s-Anteils und der Festigkeit der CH-Bindung. Nach dem Modell der Hybridisierung zweiter Ordnung von BENT heißt das aber, daß der zentrale Kohlenstoff mit steigender Methoxysubstitution gegenüber den Methylgruppen elektronegativer wird. Wenn bei den Methylmethoxysilanen nur der gleiche induktive Mechanismus wirksam wäre, sollte man mit zunehmender Zahl OHC_3-Gruppen ebenfalls einen deutlichen Anstieg der J(^{13}CH) erwarten, der auf Grund der geringeren Elektronegativität des Si-Atoms und des größeren Unterschiedes der Atomradien von Si und O größer ausfallen müßte als in den analogen C-Verbindungen. Wie Abb. 2 aber zeigt, ändert sich J(^{13}CH) bei den Methylmethoxysilanen nur um 0,5 Hz mit einem Minimum beim Trimethylmethoxysilan, und auch die CH_3-Valenzschwingungen zeigen ein geringeres Ansteigen als bei den Kohlenstoffverbindungen. Allerdings tritt hier beim Trimethylmethoxysilan kein Minimalwert auf. Das unterschiedliche

Verhalten von Kopplungskonstanten und Valenzfrequenzen beim $(CH_3)_3SiOCH_3$ kann dadurch bedingt sein, daß $J(^{13}CH)$ durch den s-Anteil in der CH_3-Bindung bestimmt wird, $\nu\ CH_3$ dagegen durch die Gesamtstärke der CH_3-Bindung, in die auch noch andere Faktoren eingehen und hier möglicherweise stärker ins Gewicht fallen als bei den übrigen Verbindungen.

Wendet man das bei den Kohlenstoffverbindungen Dargelegte sinngemäß an, so sagen die Meßergebnisse aus, daß sich die Elektronegativität des Siliciums gegenüber den Methylgruppen bei steigender Methoxysubstitution wesentlich weniger ändert als die des zentralen C-Atoms bei den C-Analogen. Dies wird vertsändlich, wenn man die $(p \rightarrow d)\ \pi$-Überlappungen in den SiO-Bindungen berücksichtigt, die den induktiven Einfluß der OHC_3-Gruppen weitgehend kompensieren, beim Trimethylmethoxysilan möglicherweise sogar überkompensieren. Das bedeutet, daß die durch die $(p \rightarrow d)\ \pi$-Wechselwirkung auftretende „electron back donation“ vom Sauerstoff zum Silicium-Atom die induktive Elektronenpolarisierung vom Silicium zum Sauerstoff in der σ-Bindung nahezu ausgleicht.

Bei den Methylchlorsilanen steigt die $J(^{13}CH)$-Kopplungskonstante vom $(CH_3)_4Si$ zum CH_3SiCl_3 um 7,2 Hz an, der Anstieg der CH_3-Valenzfrequenzen liegt zwischen dem der C-Methoxy- und dem der Si-Methoxyverbindungen. Dies läßt die Deutung zu, daß die in der SiCl-Bindung vorhandenen $(p \rightarrow d)\ \pi$-Anteile nicht ausreichen, die induktive Elektronenpolarisierung in der SiCl-σ-Bindung zu kompensieren.

Daß sich bei den Methylchlorsilanen Änderungen im Charakter der SiCl-Bindungen direkt auf die CH-Bindung auswirken und umgekehrt, zeigt deutlich Abb. 3. In ihr sind die $J(^{13}CH)$-Kopplungskonstanten gegen die von BIRJUKOV, WORONKOW und SAFIN [3] bei 77 °K gemessenen mittleren ^{35}Cl-Kernquadrupolresonanzfrequenzen ν_m^{77}, die den Kernquadrupolkopplungskonstanten direkt proportional sind

$$\left(\frac{\nu = e \cdot Q \cdot q}{2h}\right),$$

aufgetragen. Wir hatten bereits festgestellt, daß der Anstieg der $J(^{13}CH)$-Kopplungskonstanten auf eine steigende Elektronegativität des Siliciums in der $SiCH_3$-Bindung zurückgeführt werden kann. Entsprechend zeigen die τ -Werte den umgekehrten Gang. Die erhöhte Elektronegativität führt zu einem Anstieg im kovalenten Charakter der SiCl-Bindung, der sich im Ansteigen der Kernquadrupolkopplungskonstanten und im übrigen auch im Ansteigen der SiCl-Valenzschwingungen zeigt. Inwieweit mögliche $(p \rightarrow d)\ \pi$-Anteile in der SiCl-Bindung die Werte der NQR-Frequenzen beeinflussen,

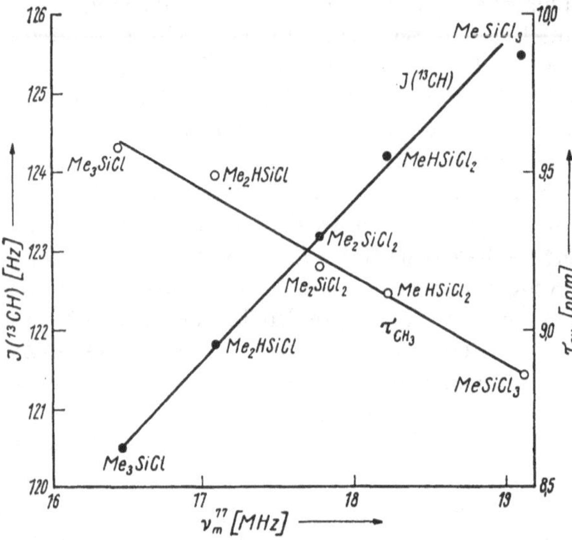

Abb. 3. Chemische Verschiebungen τ CH_3 und ^{13}CH-Kopplungskonstanten $J(^{13}CH)$ der Methylgruppen von verschiedenen Methylchlorsilanen in Abhängigkeit von der mittleren ^{35}Cl-Kernquadrupolresonanzfrequenz ν_m^{77} (gemessen bei 77 °K) [3]

läßt sich beim augenblicklichen Stand der Theorie noch nicht absehen. Zu beachten ist hier, daß Messungen mit verschiedenen Methoden an verschiedenen Zentren der Moleküle zu übereinstimmenden Ergebnissen führen.

Wie sich die verschiedenen spektroskopischen Methoden bei der Untersuchung von Lösungsmitteleinflüssen ergänzen, soll an dem völlig anders gearteten Beispiel der Solvatochromie des Merocyanin-Trimethins gezeigt werden [4]. Wie aus Abb. 4 ersichtlich ist, befindet sich dieses Molekül in einem mesomeren Gleichgewicht, das in inerten Lösungsmitteln weitgehend nach der unpolaren Seite hin verschoben ist. In polaren Lösungsmitteln wird die polare Grenzstruktur stärker am Grundzustand beteiligt. Beim Übergang zu polaren Lösungsmitteln sind folgende in Abb. 4 dargestellte Effekte zu beobachten:

Im UV-Spektrum wird der $\pi \rightarrow \pi\sigma^*$-Übergang zu längeren Wellen hin verschoben, da die polare Struktur einen stärkeren Bindungsausgleich bedingt.

Im IR-Spektrum sinkt die CO-Valenzschwingung zu kleineren Wellenzahlen hin ab, da durch den Bindungsausgleich die CO-Bindungsordnung

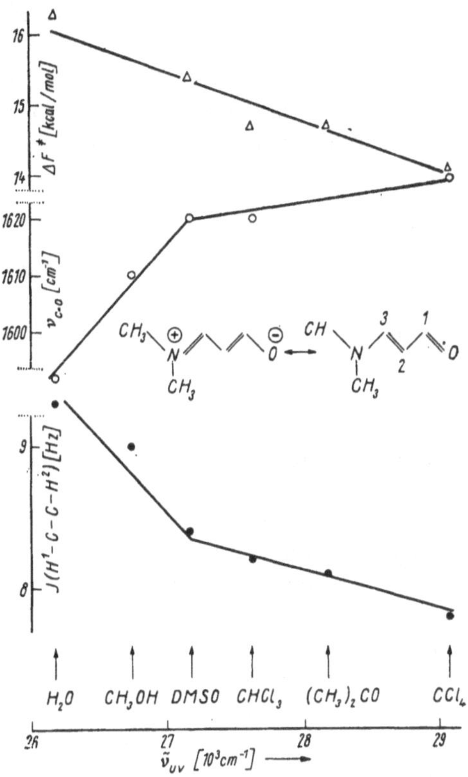

Abb. 4. Die Lösungsmittelabhängigkeit der Wellenzahlen des $\pi \rightarrow \pi^*$-Überganges ν_{UV} und der Carbonylschwingung $\nu_{C=O}$ sowie der Kopplungskonstanten J(H¹—C—C—H²) und der freien Aktivierungsenergie $\Delta F c^{\ddagger}$ der freien Rotation der Dimethylaminogruppe von all-trans-Merocyanin-Trimethin

abnimmt. Protische Lösungsmittel wirken stärker, da von ihnen Wasserstoffbrücken zum Carbonylsauerstoff ausgebildet werden.

Im NMR-Spektrum steigt die Kopplungskonstante J(H¹—C—C—H²) an, weil 1. die C—C-Bindungsordnung wächst und damit der C—C-Bindungsabstand verkürzt wird (bessere σ-Überlappung) und 2. die effektive Elektronegativität des Sauerstoffs absinkt, was zu einer geringeren Polarisation des σ-Gerüstes führt. Protische Lösungsmittel wirken auch hier wieder stärker, weil die Wasserstoffbrücken zum Carbonylsauerstoff den Teil des Moleküls stärker beeinflussen, der dem Sauerstoff direkt benachbart ist.

Die aus der Temperaturabhängigkeit der NMR-Signale der Methylgruppen ermittelbare freie Aktivierungsenergie $\triangle F_c^{\ddagger}$ (bei der Verschmelzungstemperatur der CH_3-Signale) für die Rotation der Dimethylaminogruppe um die C—N-Bindung steigt an.

Diese spektroskopischen Ergebnisse werden durch quantenchemische Rechnungen ergänzt, die einmal den Zustand im unpolaren Lösungsmittel

(PPP-Modellrechnungen von KLESSINGER), zum anderen den im polaren Lösungsmittel (LCAO—MO-Rechnungen von LEUPOLD und DÄHNE) beschreiben. RADEGLIA konnte zwischen den so berechneten π-Elektronendichten und π-Bindungsordnungen und den Parametern der NMR-Spektren direkte Zusammenhänge nachweisen. (Näheres siehe [5]).

Schlußgedanken

Die Ausführungen lassen klar erkennen, daß rasche Fortschritte auf den Grenzgebieten zwischen Physik und Chemie nur zu erreichen sind, wenn die Forschungskollektive aus Chemikern, Physikern, Mathematikern, Gerätebauern und Elektronikern zusammengesetzt sind, die sich gegenseitig verstehen und darüber hinaus enge Verbindungen zu Verfahrenstechnikern, Ökonomen u. a. haben. Voraussetzung für ein gutes Verständnis im Kollektiv ist aber ein ausreichendes Wissen über die Probleme der Nachbardisziplinen. Damit die Kollektive schneller als bisher zusammenwachsen können, sind entsprechende Änderungen in der Ausbildung notwendig. Neben der interdisziplinären Zusammenarbeit im Forschungskollektiv eines Instituts sollte aber auch eine engere Zusammenarbeit zwischen den Forschungseinrichtungen der einzelnen Disziplinen wirksam werden, damit auch größere Forschungsvorhaben insbesondere auf Grenzgebieten schnell zum Erfolg führen.

Die hier dargestellten Gedanken und Erkenntnisse sind ein Ergebnis der wissenschaftlichen und wissenschaftsorganisatorischen Arbeiten des Kollektivs des Bereiches „Physikalische Methoden der analytischen Chemie" des Zentralinstituts für physikalische Chemie der DAW. Sie konnten nur durch eine intensive praktische Forschungsarbeit auf dem umrissenen Gebiet sowie durch eine enge Zusammenarbeit mit der gerätebauenden und chemischen Industrie gewonnen werden. Allen Beteiligten, insbesondere aber den Herren Dr. SEIFERT, Dr. ENGELHARDT und Dr. RADEGLIA, sei hier für ihre Hilfe gedankt.

Literaturverzeichnis

[1] KRIEGSMANN, H., G. ENGELHARDT, R. RADEGLIA und H. GEISSLER, Z. physik. Chem. *240*, 294 (1969); siehe dort auch weitere Literaturangaben.
[2] BROOK, A. G. und K. H. PANNELL, J. organometallic Chem. *8*, 179 (1967).
[3] BIRJUKOW, J. P., M. G. WORONKOW und J. A. SAFIN, Ber. Akad. Wiss. UdSSR *165*, 857 (1965).
[4] DÄHNE, S., D. LEUPOLD, H.-E. NIKOLAJEWSKI und R. RADEGLIA, Z. Naturforsch. *20b*, 1006 (1965).
[5] R. RADEGLIA, Habilitationsschrift Berlin 1969.

Roland Paetzold

Wechselbeziehung zwischen Physik und Chemie

Die Wechselbeziehungen zwischen Physik und Chemie zu untersuchen, ist nicht nur eine reizvolle, sondern vor allem auch eine für die Prognose der Entwicklung der Naturwissenschaften und Technik außerordentlich wichtige Aufgabenstellung. Zunächst geht es mir darum, die Hauptwechselbeziehungen zu erkunden. Als Chemiker wird man dabei insbesondere zu fragen haben, welche wesentlichen Arbeitsmittel die Physik bereitstellen muß, damit sich die Chemie im notwendigen Ausmaß entwickeln kann. Dazu ist es sinnvoll, zunächst die Aktivitäten der Chemie aufzuschreiben und danach zu sehen, welche Beiträge der Physik die einzelnen Aktivitäten der Chemie überhaupt erst ermöglichen. Das Ergebnis dieser Überlegungen ist in Abb. 1 zu sehen:

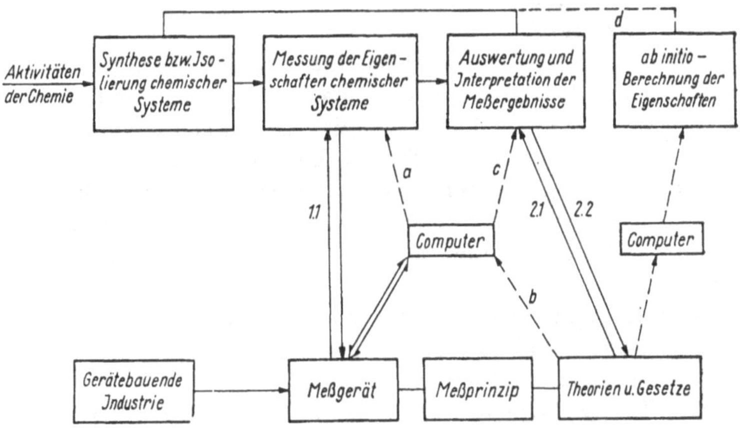

Abb. 1

In den oberen Feldern sind die Aktivitäten des Chemikers zu sehen. Der gegenwärtig fast ausschließlich begangene Weg ist in seinem zeitlichen Ablauf in den ersten drei Feldern (von links nach rechts) wiedergegeben.

1. Feld: Der Chemiker synthetisiert Stoffe oder isoliert diese aus Stoffgemischen, die entweder in der Natur vorliegen (z. B. Naturstoffgemische;

Erdöl) oder bei chemischen Prozessen (z. B. Spaltprozessen von schwerflüchtigen Kohlenwasserstoffen) anfallen. Er bedient sich zur Isolierung der verschiedensten chemischen und physikalischen Trennverfahren und muß nicht nur diese, sondern auch die entsprechende Analytik entwickeln.

2. Feld: Der Chemiker mißt die Eigenschaften der von ihm isolierten Stoffe bzw. die der ablaufenden (Reaktionskinetik) oder sich im Gleichgewicht (Thermodynamik) befindlichen chemischen Reaktion. Die Kenntnis der reaktionskinetischen bzw. thermodynamischen Daten eines chemischen Prozesses ist Voraussetzung für seine Automatisierung in der chemischen Industrie. Zur Messung der Eigenschaften werden von der Physik bzw. von der gerätebauenden Industrie die Meßgeräte bereitgestellt. Das Meßgerät setzt die Existenz eines bekannten Meßprinzips voraus. Dieses ist eng verknüpft mit der zugehörigen physikalischen Größengleichung, die ein Teil des theoretischen Gebäudes der Physik widerspiegelt (untere Felder).

3. Feld: Die mit den Meßgeräten erhaltenen Meßgrößen müssen ausgewertet und interpretiert werden. Das setzt die Kenntnis der erforderlichen Zusammenhänge der Meßgrößen mit anderen physikalisch-chemischen Größen voraus (Feld Theorien und Gesetze).

Die Interpretation der Meßergebnisse führt infolge des damit verbundenen Erkenntniszuwachses im allgemeinen zu einer Verbesserung der Aufgabenstellung des *Feldes 1.*

In Zukunft werden bei mathematisch und numerisch aufwendigen Auswertungen der Meßergebnisse immer stärker Computer zum Einsatz kommen. Die Entwicklung wird schließlich so weit gehen, daß der mit dem Meßgerät direkt gekoppelte Computer (Doppelpfeil) die Meßgrößen digital aufnimmt (gestrichelte Linie *a*). Die zur Interpretation erforderlichen Größengleichungen sind in ihm gespeichert (gestrichelte Linie *b*), wodurch er die gemessenen Werte nicht nur selbständig auswertet, sondern gegebenenfalls auch interpretiert (gestrichelte Linie *c*).

Durch die Entwicklung der Quantenchemie werden die Möglichkeiten der ab-initio-Berechnung der Eigenschaften steigen. Die Ergebnisse werden vom Chemiker experimentell verifiziert und überprüft (Linie *d*). Gegebenenfalls wird die Theorie durch das experimentelle Ergebnis verbessert.

Frage: Unter welchen Voraussetzungen wird sich die Chemie optimal entwickeln?

Antwort: Wenn alle Wechselbeziehungen funktionieren. Vor allem liegt optimale Entwicklung vor, wenn

1. Eigenschaften gemessen werden sollen und das Meßgerät vorliegt, das diese mit der vom Chemiker zur Ermittlung seiner stofflichen, strukturellen,

kinetischen und thermodynamischen Eigenschaften erforderlichen Genauigkeit erfaßt (Korrelation 1.1),

2. die zur Auswertung und Interpretation erforderlichen gesetzmäßigen Zusammenhänge bereits bekannt sind (Korrelation 2.1).

Dieser Idealfall ist in der Praxis meistens nicht erfüllt. Das läßt sich an historischen und gegenwärtigen Beispielen belegen. Eine planmäßige Entwicklung der Chemie setzt nun voraus, daß man bewußt die der Entwicklung entgegenstehenden Hemmnisse sieht, diese erkennt und danach Wege zu ihrer Überwindung fixiert. In gleicher Weise sollte man bei anderen Wissenschaftsdisziplinen verfahren. In meinen kommenden Ausführungen will ich solche, die Entwicklung hemmenden Faktoren an historischen und gegenwärtigen Beispielen belegen und die Gliederung derselben nach den Korrelationen 1.1, 2.1 und 2.2 der Abb. 1 vornehmen.

Danach treten Verzögerungen der Entwicklung der Chemie auf, wenn

1.1. Eigenschaft gemessen werden soll und
  a) das Meßprinzip bekannt ist, aber das Meßgerät nicht oder nur unvollkommen entwickelt ist,
  b) das Meßprinzip noch unbekannt ist,

2.1. Meßergebnisse interpretiert werden sollen und die zugehörige physikalische Theorie
  a) nicht vorliegt,
  b) unzureichend ist,
  c) vorliegt, aber die mathematisch-methodischen und numerischen Verfahren sowie die Rechentechnik nicht genügend entwickelt sind,

2.2. a) die physikalische Theorie und numerischen Verfahren sowie Rechentechnik vorliegen und die gemessenen Eigenschaften nicht interpretiert werden, weil der Chemiker von der Existenz der Theorie nichts weiß bzw. der Physiker von der Existenz der Meßdaten nichts weiß bzw. nicht weiß, in welchem Teilgebiet der Chemie die physikalische Theorie anwendbar ist,
  b) eine falsche Theorie die Durchführung von Experimenten verhindert.

Zu 1.1.a)

Das Meßgerät ist unvollkommen entwickelt, wodurch die Meßwerte den Anforderungen nicht genügen.

1. Beispiel: Rotationsschwingungsstrukturen von Elektronenbanden werden von den heutigen Spektrometern nicht aufgelöst. Nachteil für Strukturanalyse.

Folgerung: Vergrößerung des Auflösungsvermögens der Spektrometer.

2. Beispiel: Die wahren Intensitäten von IR-Absorptionsbanden und Raman-Banden sind direkt nicht meßbar, da sie durch apparative Parameter verändert werden.

Nachteil für Bindung- und Strukturanalyse sowie Konzentrationsbestimmung. Folgerung: Entwicklung von Spektrometern, die wahre Intensitäten und Bandenprofile wiedergeben, oder Ermittlung derselben durch Korrekturformeln mit Hilfe direkt an das Meßgerät angekoppelter Computer.

3. Beispiel: Schnelle Reaktionen können durch IR-Spektrometer nicht erfaßt werden, da insbesondere die Zeitkonstanten der IR-Detektoren nicht klein genug sind (IR-Detektoren arbeiten zu träge). Nachteil für Reaktionskinetik.
Folgerung: Entwicklung von Spektrometern mit genügend kleinen Zeitkonstanten. Augenmerk auf Entwicklung leistungsfähiger IR-Detektoren richten.

Ergebnisse der 3 Beispiele:

Die vom Chemiker geforderte Genauigkeit von physikalisch-chemischen Größen ergibt Genauigkeitsansprüche an Meßwerte, die vom Geräteproduzenten zu realisieren sind. Der Fortschritt der Physik und Chemie wird davon entscheidend beeinflußt.

Historisches Beispiel: Verbesserung des Auflösungsvermögens der Spektrographen ließ Feinstruktur der BALMER-Serie erkennen. Das hat die moderne Atomtheorie erst ermöglicht. So können durch Erhöhung der Meßgenauigkeit detaillierte Informationen über die Natur gewonnen werden, wodurch bestehende Theorien verbessert werden.

Umgekehrt kann theoretische Erkenntnis bestimmte Eigenschaften fordern. Wenn diese nicht nachweisbar sind, dann muß Meßgenauigkeit verbessert oder eine andere genauere Meßmethode verwendet werden.

Beispiel: Früher konnte man beim Übergang von Supraleitern zu Normalleitern keine Änderung der Gitterabstände beobachten. Diese ist jedoch zu fordern, da eine solche nach aller Erfahrung bei jeder Phasenänderung eintreten muß. Durch Verfeinerung der MW-Technik konnte diese Erfahrung bestätigt werden, indem extrem kleine Änderungen der Gitterabstände nachgewiesen werden konnten.

Zu 1.1. b)

Das Meßprinzip ist noch unbekannt

Beispiel: Phasenproblem in der Röntgenspektroskopie

Die gegenwärtige Röntgenkristallstrukturanalyse bestimmt Lage und Intensität der durch den Kristall gestreuten Röntgenstrahlung. Der Test für die Richtigkeit der ermittelten Struktur besteht in der Ermittlung des sog. R-Faktors, der das Ausmaß der Übereinstimmung zwischen berechneten und gefundenen Intensitäten zum Ausdruck bringt und im Idealfall Null sein müßte. Man benutzt also von den beiden die gestreute Strahlung charakterisierenden Größen Amplitude und Phase nur die erstere, da die Phase mit Ausnahme von Sonderfällen nicht ermittelt werden kann. Wenn es gelänge, diese direkt zu messen, dann würden die Strukturanalysen wesentlich rationalisiert werden können. Offensichtlich ist das Meßprinzip noch nicht erkannt oder es ist nicht realisierbar. Vielleicht würde man der Lösung näher kommen, wenn es Röntgenlaser gäbe, die ja kohärente Strahlung aussenden würden. Natürlich ist die Lösung dieses Problems eine Aufgabe für Physiker. Da aber die Röntgenstrukturanalyse eine der wichtigsten und genauesten Strukturbestimmungsmethoden für den Chemiker darstellt, ist dieser an der Fortentwicklung dieser Methode stärkstens interessiert.

Schlußfolgerung: Man sollte untersuchen, ob alle Meßprinzipien durch die denkbar einfachsten Meßverfahren realisiert werden. Oft ist das nicht der Fall. Wenn man diese Frage bewußt bearbeitet, dann ergeben sich mitunter Fragestellungen von grundsätzlicher Natur.

Beispiel: Die Konstruktion der Spektrometer für Absorptionsuntersuchungen spiegelt nicht die aus dem Meßprinzip abgeleitete einfachste Anordnung wider.

Ursache: Die polychromatische Strahlung der Lichtquelle bringt die Notwendigkeit des Einsatzes von Gittern oder Prismen mit sich.

Lösung: Monochromatische Lichtquellen, die abstimmbar sind. Ein solcher Vorschlag wäre vor 10 Jahren als hypothetisch angesehen worden. Heute deutet sich die Realisierung durch abstimmbare Laser an. Das würde eine Revolution in der Spektrometrie ergeben.

Umgekehrt müßten Physiker mehr Informationen über die für den Chemiker wichtigen Eigenschaften haben, damit sie die Einsatzbreite der von ihnen gefundenen Meßprinzipien und entwickelten Geräte besser einschätzen können.

Zu 2.1. a)

Die Theorie zur Interpretation der Meßergebnisse liegt noch nicht vor

Beispiele:

1. Atomspektren konnten jahrzehntelang nicht identifiziert werden, da wellenmechanische Atomtheorie fehlte. Erst danach war Verständnis für PSE[1], chemische Bindung, Molekülstrukturen etc. möglich.

2. Alle Eigenschaften von Flüssigkeiten (sowohl von reinen Flüssigkeiten als auch von Mischungen oder Lösungen) sind heute bestenfalls qualitativ verständlich. Solche Eigenschaften sind z. B. Fp, Kp, Dichte, Viskosität, spez. Wärme, Dampfdruck, DK usw.

Grund: Die Theorie der atomaren und molekularen Wechselwirkungen steht erst in den Anfängen

Man hat bis heute von nicht einer Substanz den Siedepunkt berechnen können, nicht einmal von der einfachsten Verbindung, dem Wasserstoff.

[1] PSE: Periodensystem der Elemente.

Noch komplizierter wird die physikalische Interpretation der vielen empirisch definierten Gebrauchswerteigenschaften. Hier ist bis heute in den wenigsten Fällen erst ein qualitatives Verständnis vorhanden. Hier müßte zunächst eine Zurückführung dieser Eigenschaften auf physikalisch-chemische Größen erfolgen. Hier liegen große Aufgaben für die Experimental- und theoretische Physik sowie die Chemie.

Zu 2.1. b)

Die Theorie ist unzureichend zur Interpretation der Meßergebnisse

Beispiel: Die reaktionskinetischen und thermodynamischen Daten werden nach wie vor empirisch gewonnen. Es gibt allererste Ansätze auf der Basis von Näherungsverfahren, z. B. zur Berechnung bzw. Abschätzung der Aktivierungsenergien. Daher arbeitet der Chemiker bis heute fast ausschließlich phänomenologisch. Beispielsweise nützt der experimentell bestimmte Zahlenwert der Geschwindigkeitskonstante einer einzelnen chemischen Reaktion eines bestimmten Reaktionstyps dem Chemiker nichts, da er ihn theoretisch nicht ableiten kann. Er mißt daher die Geschwindigkeitskonstanten von Reaktionen ein und desselben Reaktionstyps und vergleicht die differierenden Zahlenwerte, wobei er die Ursachen für die *Änderungen* der Zahlenwerte, weniger aber die Absolutwerte, qualitativ diskutiert und im Zusammenhang mit den Parametern bringt, die er variiert hat. Er kommt so zu empirischen Korrelationen und eventuell zu Konstanten, die er nun qualitativ zu verstehen sucht.

Beispiel: HAMMET-Gleichung $\lg \frac{k}{k_e} = \varrho \cdot \sigma$. Diese gibt wieder, daß die Änderung der Geschwindigkeitskonstante der Hydrolyse oder Alkoholyse von substituierten Benzoesäurederivaten $R{-}C_6H_4{-}COX$ bei einer Änderung des Substituierten R von zwei Konstanten ϱ (Reaktionskonstante) und σ (Substituentenkonstante) abhängt, deren physikalisch-chemische Bedeutung durch eine Vielzahl systematischer kinetischer Studien empirisch gefunden wurde.

Es wird Aufgabe der Theorie sein, solche empirisch gefundenen Beziehungen verstehen zu lernen.

Zu 2.1. c):

Die Theorie ist zureichend

Das beste Beispiel ist die Wellenmechanik. Im Prinzip sind mit der SCHRÖDINGER-Gleichung alle Eigenschaften stofflicher Systeme ableitbar. Die Durchführung scheitert an der mathematischen und numerischen Komplexität, die bei Vielteilchenproblemen auftreten.

Zu 2.2. a)

Beispiele:

1. In den dreißiger Jahren waren die Elektronenabsorptionsspektren einer Vielzahl gefärbter Komplexverbindungen bereits vermessen, insbesondere die Aquokomplexe $[Me(H_2O)_6]^{n+}$ mit Me = 3d-Metallionen. Es hat eine Reihe von vergeblichen Deutungsversuchen gegeben. Erst 1947 gelang die Interpretation HARTMANN und ILSE, die die BETHEsche Kristallfeldtheorie des Jahres 1929 auf diese Komplexe anwandten und zeigen konnten, daß die Terme des freien Ions durch das elektrostatische Feld der am Metallion gebundenen Ligandatome energetisch verschoben und unter der Wirkung der Symmetrie das Ligandenfeldes oft auch aufgespalten werden. Die Terme des Metallions im Komplexion werden dann nach den irreduziblen Darstellungen der die Symmetrie des Ligandenfeldes repräsentierenden Symmetriegruppe klassifiziert. Unter Beachtung der Auswahlregeln kann schließlich die Zahl der Elektronenabsorptionsbanden und bei der Durchrechnung des Problems auch die Wellenzahl jeder Bande ermittelt werden. So wurde z. B. verständlich, daß die Spektren des Rubins und des $[Cr(H_2O)_6]^{3+}$-Komplexions so sehr ähnlich sind. Im Rubin sind Cr^{3+}-Ionen in das Al_2O_3-Kristallgitter eingebaut und oktaedrisch von 6 Sauerstoffionen umgeben. Dasselbe ist im Komplexion der Fall.

Die Anwendung der Kristallfeldtheorie auf die Komplexchemie hätte schon 10 Jahre vorher erfolgen können. Die Entwicklung der Chemie wäre heute weiter. Statt dessen haben alle Chemiker zur Deutung der Eigenschaften die Valenzstrukturmethode von PAULING angewandt, die zwar einige magnetische Eigenschaften, aber nicht die Spektren verständlich machen konnte, da sie angeregte Zustände nicht erfaßte.

2. Bis 1955 waren Elektronen- und Schwingungsspektren sehr vieler Moleküle vermessen. Die Chemiker interpretierten diese bis dahin weitgehend empirisch mit Hilfe von Vergleichsmaterial. Die Möglichkeit der Klassifizierung der Spektren mit Hilfe der Gruppentheorie und die Ableitung der Punktgruppe des jeweils untersuchten Moleküls aus den Spektren war bei den Chemikern fast nicht bekannt. In Deutschland begann sich die Gruppentheorie bei den Chemikern erst vor etwa 10 Jahren durchzusetzen. Im Prinzip wäre das schon 25 Jahre früher möglich gewesen, da ja die Darstellungstheorie von FROBENIUS um die Jahrhundertwende entwickelt wurde und die Zusammenhänge zwischen Gruppentheorie und Quantenmechanik in Büchern von WEYL, WIGNER und VAN DER WEERDEN zwischen 1928–1932 abgeleitet worden waren. Das Problem bestand offensichtlich darin, daß diese Bücher für den Chemiker unverständlich waren. Leider haben es die hervorragenden theoretischen Physiker, die Deutschland hervorgebracht hat, nicht verstanden oder es auch nicht für nötig gehalten, ihre Theorien den Chemikern verständ-

lich zu machen. Es läßt sich leider nachweisen, daß die breite Anwendung der Gruppentheorie durch die Chemiker erst durch amerikanische Lehrbücher, die Ende der fünfziger Jahre erschienen, ausgelöst worden ist. Diese waren so geschrieben, daß sie vom Experimentalchemiker verstanden wurden. Heute wird die Gruppentheorie in der Chemieausbildung den Studenten vermittelt.

3. In ähnlicher Weise hemmend auf die Entwicklung der Chemie wirkte sich auch das späte Eindringen der Wellenmechanik und seiner Verfahren in die Chemie aus. 1931 hatte HÜCKEL sein Näherungsverfahren am Beispiel des Äthylens entwickelt. Die Anwendung auf die Vielzahl der organischen Verbindungen mit π-Bindungen erfolgte erst 15–20 Jahre danach. Seither sind viele experimentelle Impulse von der Anwendung des HÜCKEL-Verfahrens ausgegangen. Die Schuld am verspätenten Einsatz ist wohl bei Chemikern und Physikern gleicherweise zu suchen. So war vielfach bei den Chemikern eine Scheu vor der Theorie mitunter bis zur Ablehnung vorhanden (was sich natürlich auch in der Ausbildung niedergeschlagen hat), während viele theoretische Physiker dem HÜCKELschen Näherungsverfahren wegen seiner Vereinfachungen (Unterscheidung von σ- und π-Elektronen, Vernachlässigung der Überlappungsintegrale und der Wechselwirkungsintegrale nicht benachbarter Atome) keine Berechtigung zubilligten. Vom Standpunkt des Chemikers ist diese Haltung nicht richtig, da das HÜCKELsche und auch andere Näherungsverfahren zu Ergebnissen führen, die qualitativ mit experimentellen Befunden übereinstimmen. Daraus leiten diese Verfahren ihre Berechtigung ab. Es müßten die theoretischen Physiker untersuchen, woran es liegt, daß diese mit großen Vereinfachungen behafteten Verfahren zu praktikablen Ergebnissen führen. Dann wird man erkennen, welche Zusammenhänge wesentlich oder vernachlässigbar sind. Das zu wissen, ist wichtig für den Chemiker. Leider ist die Wellenmechanik mathematisch und numerisch noch nicht so weit entwickelt, daß größere Moleküle oder gar die Wechselwirkungen von Molekülen exakt oder mit hinreichender Genauigkeit berechnet werden können. Von exakten oder fast exakten Lösungen von beispielsweise Drei- oder Vierteilchenproblemen wie He oder H_2 hat der Chemiker nichts, so wichtig solche Rechnungen auch sind. Daher braucht er die Näherungsverfahren, um die von ihm gefundenen Eigenschaften wenigstens qualitativ verstehen zu können. Daraus leiten sich ja schließlich wieder neue experimentelle Impulse ab. Aus der Übereinstimmung oder Nichtübereinstimmung entwickeln sich so das Experiment und die Theorie im Wechselspiel nach vorn. Wenn man die Theorie nicht am Experiment testet, dann muß sie stagnieren. Immer noch ist das Experiment das Wahrheitskriterium der Theorie. Die Ansichten unter den Theoretikern sind so weit unterschieden, daß COULSON 1959 auf einer Konferenz der Quantentheoretiker feststellte, daß eine Spaltung in die „ab-initioisten“ und die „ab-poste-

rioisten“ eingetreten ist, die sich nicht mehr viel zu sagen hätten. Das ist nicht gut.

Heute werden z. B. die Grundlagen der MO-Theorie bereits im 1. Semester der Chemieausbildung vermittelt. Auf dieser Basis verstehen die Studenten das strukturelle, spektrale und magnetische Verhalten einfacher Moleküle ganz zwanglos.

Zu 2.2. b)

Beispiel: Edelgaschemie und Oktettgesetz. Letzteres war den Chemikern 40 Jahre lang Richtschnur für die Elektronenstruktur von Molekülen.

Danach sollten

1. die Elemente der dritten und höheren Perioden des PSE in ihren Sauerstoffverbindungen maximal Valenzelektronenoktetts ausbilden können und
2. keine Edelgasverbindungen stabil sein.

Das „Oktettgesetz“ war so fest verwurzelt, daß alle Elektronenstrukturen von Molekülen und Experimente, die von vornherein im Widerspruch dazu standen, als sinnlos bezeichnet wurden. Dabei hätte eine kritische Überprüfung mit den bereits vorhandenen experimentellen Fakten die Grenzen der Anwendbarkeit des „Oktettgesetzes“ wenigstens zwei Jahrzehnte früher aufzeigen können. So war z. B. seit Jahrzehnten bekannt, daß Sauerstoff und Xenon fast dieselbe Ionisierungsenergie haben. Der Glaube an das Oktettgesetz hat die Chemiker Jahrzehnte davon abgehalten, daraus den Schluß zu ziehen, daß Xenon in gleicher Weise mit Fluor reagieren muß wie der Sauerstoff, von dem man das schon lange wußte. Erst Barlett und Hoppe haben sich über das „Oktettgesetz“ hinweggesetzt und das Experiment sprechen lassen; wie wir wissen, mit Erfolg.

Schlußfolgerung: Stets kritische Haltung zu Theorien und laufende Überprüfung am Experiment.

Was ist zu tun, damit sich ähnliches nicht wiederholt?

Es kommt meines Erachtens darauf an, daß der Chemiker mehr von Physik und der Physiker mehr von Chemie versteht. Das hat der Quantentheoretiker Löwdin 1967 auf einer internationalen Konferenz der Theoretischen Physiker in Budapest gefordert. Die neuen Ausbildungspläne der Chemie tragen dieser Forderung Rechnung, indem Quantenchemie, statistische Thermodynamik, Gruppentheorie und Spektroskopie aller Wellenlängen gelehrt werden. In den neuen Studienplänen der Physik ist die Chemie überhaupt nicht enthalten. Ich halte diese Festlegung nicht für richtig. Ich glaube, meine bisherigen Ausführungen haben das belegt. Sicher war die bisherige Chemieausbildung für Physiker im allgemeinen nicht dazu angetan, die Physiker von der Notwendigkeit zu überzeugen, sich mit der Chemie zu beschäftigen. Ich bin der Meinung, daß man die Inhalte der Chemieausbildung für Physiker sehr leicht ableiten kann, wenn man sich die historischen Beispiele vor Augen führt, die die Entwicklung der Chemie und der Physik aufgehalten haben, nur weil Physiker und Chemiker zu wenig voneinander wußten. Bei der Aufstellung eines Ausbildungsprogramms für Physiker darf man nicht einfach das Chemikerprogramm hernehmen und dieses kürzen, wie es bisher meistens praktiziert wurde. Man muß von der Funktion, die die Physik für die Chemie hat, ausgehen und man wird dabei feststellen, daß diese zweifach ist. Erstens stellt die Physik die Meßprinzipen und damit die Meßgeräte zur Ermittlung der zur Stoff- und Prozeßcharakterisierung wichtigen Eigenschaften bereit, und zweitens gestattet sie in vielen Fällen mit ihrem Theoriengebäude die Interpretation der gemessenen Eigenschaften. Daraus ist abzuleiten, daß es für einen Physiker, und zwar sowohl den Experimental- als auch den theoretischen Physiker, wichtig ist zu wissen, welche Eigenschaften der Stoffe und Prozesse für die Chemie bedeutsam sind, damit er selbst beurteilen kann, ob das von ihm gefundene Meßprinzip oder das von ihm gebaute Meßgerät zur Messung in der Chemie verwendet werden kann, oder ob seine Theorie in der Lage ist, auch die Meßwerte bestimmter Eigenschaften von Stoffen zu erklären. Dann wird er auch die Chemiker darauf aufmerksam machen können. Man müßte also zunächst eine Aufstellung aller wichtigen Eigenschaften von Molekülen und Stoffen sowie Stoffgemischen und Prozessen machen, die dann am Beispiel ausgewählter Stoffklassen zu vermitteln wären, natürlich auch experimentell.

Wie wird die Entwicklung weiter gehen müssen? Es ist dabei wieder zweckmäßig, die Forderungen an die Meßgeräte und an die Theorie getrennt zu behandeln.

A. Forderungen an Meßgeräte

I. Vergrößerung der Meßgenauigkeit und Empfindlichkeit der Einzelgeräte.

Natürlich kann ein großer Teil der Anwender auf hochgezüchtete Geräte verzichten. Die Entwicklung solcher Geräte ist aber aus zweierlei Gründen erforderlich: *Erstens* wird die Qualität und Leistungsfähigkeit von Routinegeräten sehr davon mitbestimmt, wie ein Geräteproduzent die Technologie der Herstellung von Höchstleistungsgeräten beherrscht, da durch die bei der Entwicklung solcher Geräte anfallenden vielfältigen Erfahrungen die Konstruktion der Routinegeräte unmittelbaren Nutzen haben wird. *Zweitens* werden viele Untersuchungen, die höchste Anforderungen an die Genauigkeit der Meßwerte stellen, erst mit Geräten möglich, die die Meßgröße mit großer Genauigkeit bis zu kleinsten Werten erfassen und wiedergeben. Ich habe an einigen Beispielen bereits gezeigt, wie auf diese Weise das Verständnis für chemische Vorgänge steigt. Damit die Anwender einerseits und die Physiker sowie die Geräteproduzenten andererseits nicht aneinander vorbeireden, müßte für jedes in der Praxis verwendete Meßprinzip und das dazugehörige

Meßgerät insbesondere vom Anwender eine Forderungsliste aufgestellt werden, indem zuerst herausgestellt wird, welcher Erkenntniszuwachs und welche neuen oder verbesserten Anwendungen erwartet werden und mit welcher Genauigkeit, Empfindlichkeit usw. die Meßgrößen zu diesen Zwecken registriert werden müssen. Dafür ein Beispiel: Eine Vergrößerung der Meßgenauigkeit und Empfindlichkeit der Erfassung von Extinktionswerten bei IR-Absorptionsmessungen würde folgendes ermöglichen:

1. Es ließen sich genaue Konzentrationsbestimmungen bis zu kleinen Konzentrationen und die Berechnung aller physikalisch-chemischen Größen, die aus Konzentrationswerten ableitbar sind, mit der erforderlichen Genauigkeit vornehmen. Solche Größen sind insbesondere die reaktionskinetischen Daten Geschwindigkeitskonstante und Aktivierungsenergie sowie die thermodynamischen Daten $\triangle G$, $\triangle H$ und $\triangle S$, die die Voraussetzung zur Beherrschung chemischer Prozesse sind. Da man die Genauigkeitsansprüche dieser Größen kennt, kann man die erforderliche Genauigkeit, mit der die Extinktionswerte erfaßt werden müssen, ableiten. Im Augenblick ist beispielsweise die direkte kalorimetrische Bestimmung von Reaktionsenthalpien immer noch genauer als die spektralphotometrische Erfassung.

2. Als weitere Forderung wäre die *rasche Erfassung* der Extinktionswerte zu nennen. So ist z. B. nicht möglich, sehr schnelle Reaktionen IR-spektroskopisch quantitativ zu verfolgen. Generell ist die Entwicklung von Spektrometern mit einer Zeitauflösung, die die Elementarakte chemischer Reaktionen zu messen gestatten, von größter Bedeutung für die Entwicklung der Chemie. Das gilt natürlich nicht nur für den IR-Bereich. Dieser Seite der Meßtechnik sollte höchste Aufmerksamkeit geschenkt werden.

3. Die Vergrößerung des Auflösungsvermögens verbessert die Genauigkeit von Strukturanalysen, da natürlich die Feinstruktur der Spektren zusätzliche Informationen über die Struktur von Molekülen sowie über die Natur der zwischenmolekularen Wechselwirkungen liefert. Herr KRIEGSMANN hat in seinem Vortrag schon darauf hingewiesen, daß beispielsweise die IR-Bandenprofile durch zwischenmolekulare Wechselwirkungen beeinflußt werden. Die genaue Wiedergabe der wahren IR-Intensitäten und Bandenprofile eröffnet dann die Möglichkeit des verfeinerten Studiums solcher Wechselwirkungen.

4. Genaue Intensitätsmessungen machen die Ermittlung von Übergangsmomenten und damit auch der Differentialquotienten $\left(\frac{\delta\mu}{\delta q_i}\right)$ erst sinnvoll, die wegen der Unkenntnis der den einzelnen Molekülzuständen zuzuordnenden wahren Eigenfunktionen zur Zeit noch nicht berechnet werden können. Dann

wird insbesondere das Verständnis der intramolekularen Wechselwirkungen verbessert werden können.

II. Die Entwicklung wird weiterhin den komplexen Einsatz von Analysenmeßgeräten immer stärker erforderlich machen (Gerätesysteme). Gerade dazu hat Herr KRIEGSMANN in seinem Vortrag viel gesagt, so daß ich mir weitere Ausführungen sparen kann.

III. Es wird weiterhin immer dringlicher, sowohl beim Einsatz von Einzelgeräten als auch bei dem von Gerätesystemen die Kopplung mit elektronischen Datenerfassungs- und Datenverarbeitungsanlagen vorzunehmen. Diese Thematik ist so wichtig, daß man dazu Kolloquien oder Symposien veranstalten sollte, insbesondere da heute noch eine Reihe grundsätzlicher Fragen zu bearbeiten ist. Natürlich wird auch in Zukunft nicht jedes Gerät mit einem Rechner gekoppelt sein. Bei sehr vielen Aufgabenstellungen aber wird durch die Kopplung Meßgerät-Rechner
1. eine Rationalisierung der Arbeit ermöglicht und
2. werden manche Aufgaben dadurch überhaupt erst lösbar.
Dafür nur je zwei Beispiele:

Zu 1. Rationalisierung der Arbeit

1. Beispiel: In Großbetrieben der Chemie, Metallurgie usw. wächst die Zahl der Analysen ständig. Sehr oft werden klassische und zeitaufwendige Analysenverfahren verwendet, die eine Vielzahl von wissenschaftlichen Hilfskräften binden. Hier gilt es zunächst, moderne Analysenmeßverfahren einzuführen, die die Meßgrößen in möglichst kurzer Zeit erfassen. In vielen Fällen ist das bereits der Fall. So werden IR-Spektrometer, Massenspektrometer, Gaschromatographen und andere Geräte eingesetzt. Es stellt sich aber heraus, daß die Auswertungszeit der Meßwerte weit größer ist als die Zeit, in der diese vom Gerät angeliefert werden. Von den beiden Lösungswegen zur Rationalisierung – Vergrößerung der Zahl der Wissenschaftler und wissenschaftlichen Hilfskräfte oder Einsatz eines Rechners – kann nur der zweite rationeller sein. So werden ja heute Massenspektrometer bereits mit Rechnern geliefert, und Absorptionsspektrometer haben Digitalausgänge.

2. Beispiel: Die Dokumentation von Spektren mit der Möglichkeit raschester und sicherer Information über die dokumentierten Spektren oder über Teile derselben ist mit elektronischen Rechnern außerordentlich rationalisierbar. Warum sollte es nicht einmal zentrale Dokumentationszentren geben, bei denen man die in Computern gespeicherten Informationen über Fernschreiber oder auf anderem Wege abrufen kann. Daran sollten sich sogar mehrere Länder beteiligen, um den Rationalisierungseffekt möglichst groß zu machen (RGW).

Zu 2. Die Kopplung Meßgerät/Rechner ermöglicht erst die Lösung mancher Aufgaben

1. Beispiel: Hier ist wohl als wichtigstes Beispiel die automatische Prozeßkontrolle zu nennen. Es kommt hierbei auf die möglichst trägheitslose Regelung des chemischen Prozesses an. Dabei erfolgt die kontinuierliche Erfassung einer Meßgröße durch einen Meßfühler. Der Meßwert wird durch einen Analog/Digital-Umsetzer digitalisiert und in den Rechner gegeben. Dieser weiß, welche Toleranz für die Meßgröße zulässig ist und wirkt über die Regelanlage so auf den Prozeß, daß die optimalste Fahrweise garantiert bleibt.

2. Beispiel: Bei biochemischen Untersuchungen fallen die Proben oft in so kleinen Mengen oder Konzentrationen an, daß die spektroskopische Untersuchung meist nicht möglich ist. Hier hilft die mit Hilfe eines Rechners erfolgende Akkumulation der Spektren weiter, wo durch Verbesserung des Signal/Rausch-Verhältnisses wesentlich bessere Spektren erhalten werden. Zum Teil wird dieser Weg bereits begangen, z. B. in der NMR-Spektroskopie.

B. Forderungen der Chemie an die theoretische Physik

Da der Chemiker vom theoretischen Physiker möglichst eine quantitative und wenn das nicht geht, wenigstens qualitative Interpretation der für ihn wichtigen Stoffeigenschaften und chemischen Prozesse erwartet, ist es sinnvoll, die Forderungen nach dem Einteilungsprinzip der Eigenschaften vorzunehmen. Dabei scheint mir folgende Unterteilung zweckmäßig, die ansteigenden Schwierigkeitsgrad ausweist:

1. Interpretation der intramolekularen Eigenschaften von Atomen und Molekülen sowie der Korrelation dieser Eigenschaften;

2. Interpretation der Eigenschaften gasförmiger und kondensierter Stoffe oder Stoffsysteme sowie reaktionskinetischer und thermodynamischer Größen und der Korrelation dieser Größen zu den intramolekularen Parametern der Einzelmoleküle;

3. Interpretation der Gebrauchswerteigenschaften und Rückführung derselben auf physikalisch-chemische Eigenschaften und Wechselwirkungen.

Beispiele für den Chemiker interessierende Eigenschaften sind in der folgenden Tabelle zu finden, in der eine Unterteilung

a) in physikalisch definierte und physikalisch nichtdefinierte Eigenschaften sowie

b) in Eigenschaften des Einzelmoleküls sowie in die von Molekülkollektiven (Gase und kondensierte Stoffe bzw. Stoffsysteme) vorgenommen worden ist.

Zu 1. Intramolekulare Eigenschaften bzw. definierte physikalische Größen von Molekülen sind: Ionisierungsenergie, Elektronenaffinität, Bindungsenergie, Bindungslänge, Kraftkonstante, Polarisierbarkeit, Dipolmoment usw. Hier kommt es dem Chemiker insbesondere darauf an, die Verknüpfung dieser Größen untereinander zu kennen. Die Theorie ist gegenwärtig nicht in der

Klassifizierung der Eigenschaften chemischer Systeme

Eigenschaften	physikalisch definiert	empirisch festgelegt Gebrauchseigenschaften
des Einzelmoleküls	Elektronenaffinität Ionisierungsenergie Dipolmoment Drehimpuls magnetische Suszeptibilität Bindungslänge Polarisierbarkeit usw.	Elektronegativität
von Molekülkollektiven	Dichte Viskosität Siedepunkt Schmelzpunkt Brechungsindex spezifische Wärme Dielektrizitätskonstante elektrische Leitfähigkeit kinetische und thermodynamische Größen chemischer Reaktionen als Voraussetzung zur Modellierung und Automatisierung chemischer Prozesse	Flammpunkt von Ölen und Benzinen Stockpunkt von Schmierölen Oktanzahl von Benzinen Wischfestigkeit von Oberflächen Abriebfestigkeit von Feststoffen Härte von Feststoffen Schaumfähigkeit von Flüssigkeiten usw.
Untersuchungsverfahren	physikalische Meßverfahren mit eindeutigen Meßvorschriften auf der Basis der Definitionsgleichung der zu messenden physikalischen Größe	empirische Prüfverfahren auf der Basis festgelegter Normvorschriften

Lage, dazu quantitative Aussagen zu machen. Solange das nicht möglich ist, wird der Chemiker rein empirisch vorgehen müssen. Ein quantitatives Verständnis der empirisch gefundenen Korrelationen ist dadurch aber nicht gegeben. Beispielsweise haben wir SeO-Verbindungen studiert und vor kurzem zwischen den Logarithmen der SeO-Valenzkraftkonstante und der SeO-Bindungslänge die lineare Korrelation $\log f_{SeO} = -4{,}551 \cdot \log r_{SeO} + 1{,}785$ gefunden. Ein solcher Zusammenhang ist zwar qualitativ verständlich, jedoch ist weder der Zahlenwert des Steigerungsgrades noch der physikalische Inhalt dieses Faktors klar. Dasselbe gilt für die vorhin genannten HAMMET-Konstanten. Nur die Wellenmechanik wird diese Frage beantworten können.

Es gibt Fälle, wo nach Lage der Dinge die Zahlenwerte bestimmter Eigenschaften überhaupt erst zugängig sein werden, wenn die Theorie in der Lage ist, diese zu berechnen, da eine direkte experimentelle Bestimmung aus prinzipiellen Gründen ausscheidet. Das gilt wahrscheinlich für die wahren Bindungsenergien. (Die vom Chemiker gegenwärtig benutzten mittleren Bindungsenergien und Dissoziationsenergien geben die wahren Bindungsenergien nicht wieder.)

Zu 2. Die Dichte, die Viskosität, der Brechungsindex, der Siede- und Schmelzpunkt, die Phasenumwandlungstemperatur, die Dielektrizitätskonstante, die elektrische und Wärmeleitfähigkeit usw. sind Eigenschaften, die an ein großes Kollektiv von Teilchen gebunden sind und die das Einzelteilchen nicht hat. Diese Eigenschaften sind bis heute theoretisch nicht einmal halbquantitativ erklärbar. Dasselbe gilt für die reaktionskinetischen und thermodynamischen Eigenschaften chemischer Reaktionen. Letzten Endes müßten z. B. die thermodynamischen und reaktionskinetischen Größen molekularer Systeme mit intramolekularen Größen verknüpfbar sein. So lange das durch die Theorie nicht wiedergegeben werden kann, muß sich der Chemiker, soweit das möglich ist, die entsprechenden Korrelationen experimentell verschaffen. Diese Ergebnisse wiederum sind für die theoretischen Ansätze wichtig, da sie von vornherein eine Begrenzung der Modelle zulassen. Es scheint mir, daß die Existenz von Zusammenhängen zwischen reaktionskinetischen und thermodynamischen Größen mit denen intramolekularer Eigenschaften noch nicht genügend beachtet wird. Immer noch werden die Reaktionskinetik und die Thermodynamik von vielen Chemikern zu sehr phänomenologisch betrieben. Man bemüht sich zu wenig um die theoretische Deutung der gemessenen reaktionskinetischen und thermodynamischen Größen. In dieser Richtung sollten die Kinetik und Thermodynamik schwerpunktmäßig betrieben werden.

Zu 3. Die steigenden Qualitätsanforderungen an die Produkte der chemischen und verwandten Industrie sowie die Vergrößerung der Einsatzgebiete bedingen klarere Definitionen und genauere Bestimmungen der Gebrauchswerteigenschaften. Diese sind aus praktischen Bedürfnissen abgeleitet. Sie sind meistens physikalisch-chemisch nicht definierbar. Daher sind auch die Verfahren zur Erfassung der Eigenschaftswerte aus ganz praktischen Gesichtspunkten empirisch abgeleitet. Eine physikalische Durchdringung dieser Prüfverfahren, die wesentlicher Bestandteil der Qualitätskontrolle sind, scheint dringend geboten.

Insgesamt sind die in den drei eben behandelten Komplexen an die theoretischen Physiker erhobenen Forderungen Maximalforderungen, die wohl niemals in vollem Umfang realisierbar sein werden. Man muß sie aber erkennen und nennen. Nur wenn das Endziel möglichst präzis erkannt und formuliert ist, wird man perspektivische und gegenwärtige Aufgaben richtig abstecken. Um herauszubekommen, was wann in welchem Umfang und bis zu welcher Tiefe zu bearbeiten sein wird, müßte man nach der Fixierung des Gesamtumfangs der Aufgaben zunächst die Schwerpunktaufgaben ermitteln. Diese sind dann nach unterschiedlichen Schwierigkeitsgraden der Lösungswege zu sortieren. Sicher wird man zunächst von den Schwerpunktaufgaben diejenigen zur Bearbeitung auswählen, die bereits lösungsreif sind.

Auf jeden Fall wird in der Zukunft die Theoretisierung, Physikalisierung und Mathematisierung der Chemie zunehmen. Dadurch werden die Eigenschaften der Stoffe deutbarer und die chemischen Reaktionen beherrschbarer, was besonders der Automatisierung zugute kommen wird. In immer größerem Maße wird es möglich sein, Eigenschaften von Stoffen und ihren günstigsten Syntheseweg vorherzusagen und durch mathematische Modellierung die optimalste Fahrweise des großtechnischen Prozesses zu berechnen. Natürlich sind auch hier die Computer das unerläßliche Arbeitsmittel. Dabei kommt es ganz besonders darauf an, den Prozeß so zu führen, daß durch kontinuierliche Erfassung der die Ausbeute und Eigenschaften des Endproduktes bestimmenden physikalisch-chemischen Parameter das Endprodukt gezielt und unabhängig von den Zusammensetzungen der Ausgangsprodukte synthetisiert wird.

Es gibt nun viele, die behaupten, daß durch eine solche Entwicklung die Chemie in der Physik aufgeht und andere, die darüber sogar besorgt sind. Das ist meiner Ansicht nach keine Frage, die Probleme aufwirft. Der Chemiker wird nach wie vor Stoffe mit immer neuen Eigenschaften synthetisieren und in die Produktion überführen müssen. Er wird jedoch diese Eigenschaften und die Prozeßabläufe immer mehr theoretisch gezielt vorhersagen können oder umgekehrt die zu gewünschten Eigenschaften erforderlichen Zusammensetzungen ermitteln und auf diese Weise aus dem Stadium des Empirischen herauskommen. Konkret wird man z. B. bei der Suche nach einer Verbindung mit einer bestimmten Eigenschaft nicht mehr Hunderte oder, wie es häufig geschieht, Tausende von Verbindungen durch immerwährende systematische Variation der Zusammensetzung und Struktur synthetisieren und dann austesten müssen. Gleiches gilt für die optimale Prozeßführung, die heute in den meisten Fällen ausschließlich empirisch durch eine Vielzahl von Versuchen gefunden wird. Welche Rationalisierung die theoretische Vorhersage der geeignetsten Verbindung und des optimalen Prozesses letztlich bedeutet, liegt auf der Hand. Natürlich wird der Aufgabenbereich des Chemikers und damit auch sein Berufsbild verschoben. Der Chemiker wird viel mit dem Computer zu tun haben, und zwar sowohl der in der Forschung als auch der im Betrieb tätige Chemiker. Die Chemie wird immer besser physikalisch ableitbar und damit verständlich, und das ist sehr gut. Chemiker wird es trotzdem immer geben müssen, solange der Physiker nicht aus der Mathematisierung und Physikalisierung der Chemie die Konsequenz zieht, sich nunmehr für die Synthese und Charakterisierung der Stoffe im Labor und Betrieb verantwortlich zu fühlen. Dann aber würden wir ihn wohl definitionsgemäß als Chemiker bezeichnen. Wir sehen, wie Chemie und Physik zusammenwachsen, und das ist notwendig, damit nicht auch in Zukunft solche die Entwicklung der Physik und Chemie hemmenden Pannen passieren, für die ich vorhin historische Beispiele genannt habe.

Ich habe versucht, wesentliche Wechselwirkungen zwischen Physik und Chemie zu zeigen. Dabei hat natürlich die Bedeutung der Physik für die Chemie im Vordergrund gestanden, da ich Chemiker bin und die Aktivitäten und Bedürfnisse der Physik von mir befugt nicht abgeleitet werden können. Die Problematik ist so komplex, daß sie außerdem ein Einzelner in ihrer Gesamtheit gar nicht erfassen und darstellen kann. Sicher sind dabei noch eine Reihe weiterer Gesichtspunkte zu nennen. Es ist auch fraglich, ob ich die glücklichsten Beispiele zur Erläuterung meines Anliegens gewählt habe. Aber das ist wohl sekundär. Es kommt darauf an, aus der Geschichte zu lernen und heute bewußt zu fragen, ob gegenwärtig nicht auch Entwicklungen stagnieren, weil nach wie vor eine Reihe der Hemmnisse wirken, die ich in meinem Vortrag genannt habe. Es wäre nicht gut, wenn wir in 20 Jahren wieder Beispiele für verzögerte Entwicklungen der Wissenschaften und Technik nennen könnten, die dann auf unser Konto kämen. Ich will auch betonen, daß die Problematik der Wechselwirkungen zwischen Physik und Chemie nicht allein vom Chemiker her gesehen behandelt werden kann, sondern in der Diskussion Chemiker, Experimentalphysiker, theoretische Physiker, Verfahrenstechniker, Computerspezialisten und Mathematiker zusammenwirken müssen. Letztlich sind solche Fragestellungen echt prognostischer Natur. Sie müssen gestellt und beantwortet werden. Insbesondere ist bei den Universitäten und Akademieeinrichtungen darauf zu achten, daß sich die Chemiker und Physiker nicht aus dem Auge verlieren. Viele Aufgaben sind heute so, daß Physiker und Chemiker zusammenarbeiten müssen. Immer noch gibt es zu wenig Physiker in den Chemiesektionen und umgekehrt.

Inhaltsverzeichnis

MIX
Papier | Fördert gute Waldnutzung
FSC® C083411

Zeitfracht Medien GmbH
Ferdinand-Jühlke-Straße 7
99095 Erfurt, Deutschland
produktsicherheit@kolibri360.de